REDEN WIR ÜBER GELD

MIX
Papier aus verantwortungsvollen Quellen
FSC® C012536
www.fsc.org

Gedruckt nach der Richtlinie des
Österreichischen Umweltzeichens
„Druckerzeugnisse",
Druckerei Theiss GmbH, Nr. 869

Niki Lauda: Reden wir über Geld

www.edition-a.at

Lektorat: Anatol Vitouch
Cover: JaeHee Lee
Gestaltung: Hidsch

Gesetzt in der *Adobe Caslon Pro*
Gedruckt in Europa

2 3 4 5 — 18 17 16 15

ISBN 978-3-99001-143-0

NIKI LAUDA

MIT CONNY BISCHOFBERGER

REDEN WIR ÜBER GELD

edition a

INHALT

GELD UND LEBEN

Vorwort von Conny Bischofberger

Der Frühling 2015 wird mir ewig als Lauda-Frühling in Erinnerung bleiben. Er begann an einem Mittwochmorgen im April. Ich traf Niki Lauda im Wiener Café Imperial, um unser Buchprojekt zu besprechen. Sein rotes Kapperl leuchtete schon von weitem, er ließ sich gerade den letzten Gang seines Frühstücks – gerissener Apfel mit Joghurt – servieren. Es war 7 Uhr 50 , ich wusste bereits von vielen Terminen der vergangenen 20 Jahre, dass er Zufrühkommen schätzt.

In allen Interviews, nicht nur in meinen, hatte Lauda auf Geldfragen immer geantwortet: »Über Geld spreche ich nicht.« Und jetzt wollte ich mit ihm ein Buch über das große Tabu schreiben. Ich rechnete damit, dass er mir spontan den Vogel zeigen würde. Ich malte mir aus, dass er mich fragen würde: »Bist du verrückt?« Dann würden wir beide lachen und das Thema wäre erledigt.

Aber Lauda gefiel die Idee. »Warum fangen wir nicht gleich an?«, meinte er. Gott sei Dank habe ich immer mein Sony-Aufnahmegerät dabei. Es war das erste von insgesamt acht Gesprächen über Traumdeals und Risikogeschäfte, Spekulationen und Emotionen, Geiz und Gier. Acht mal 55 Minuten.

Als Journalistin suche ich in Biografien immer die Brüche. Nicht die stromlinienförmige Chronologie, sondern die Abweichungen machen den Menschen aus. In keiner anderen Biografie fand ich so viele Brüche wie in der von Niki Lauda. Fast immer haben diese Brüche bei ihm auch mit Geld zu tun. Der Feuerunfall am Nürburgring kickte ihn aus dem Millionengeschäft des Rennsports, der Flugzeugabsturz der Lauda Air brachte ihn an seine persönlichen und finanziellen Grenzen. Mir ist noch immer ein Rätsel, wie sich so viel Geld und Leben in 7 Stunden 20 Minuten ausgegangen ist.

Die Antwort liegt in Laudas Persönlichkeit. Er ist der zeitökonomischste, präziseste und unkomplizierteste Interviewpartner, den ich in mehr als dreißig Jahren meiner Tätigkeit als Journalistin kennengelernt habe – und einer der ganz wenigen, mit dem ich per »Du« bin.

Stichwort Zeitökonomie: Nach unserer ersten Sitzung fragte er mich: »Wie lange wird das noch dauern?« Nach unserer zweiten Sitzung wollte er wissen, ob es denn schon ein geschriebenes Kapitel gebe.

Stichwort präzise: Während vergleichbare Gespräche oft bis zu dreißig DIN-A4-Seiten füllen, passt ein Lauda-Dialog locker auf zehn bis zwölf Blätter. Seine knappe Sprache ist für eine Autorin eine echte Herausforderung. Vor allem, wenn es um Emotionen geht, antwortet er gerne mit »Null!«. Null Kränkung, null Wehmut, null Schmerz.

Sein meistverwendetes Eigenschaftswort ist »logisch«. Darauf folgen immer einleuchtende, meist technische Erklärungen – etwa über die Ursachen eines Flugzeugabsturzes oder einen Sieg in der Formel 1.

Sein liebster Satz ist »Langer Rede kurzer Sinn«. Immer, wenn er etwas erzählen sollte und es dann ins Detail ging, wurde es ihm zu blöd und er sagte: »Langer Rede kurzer Sinn, du kennst die Geschichte eh.« Vorsichtshalber solle ich die Einzelheiten in seiner einzigen autorisierten Biografie noch einmal nachlesen. Danke, Herbert Völker, dass wir in diesem Buch so oft darauf Bezug nehmen durften.

Stichwort unkompliziert: Wenn ich Niki Lauda fertige Kapitel mailte, dauerte es keine zwei Stunden, bis seine Antwort aufpoppte. Es gab drei Versionen davon: »Okay, Niki«, »Danke, Niki« und »Super, Niki«. Wenn er Kleinigkeiten ändern wollte, rief er mich an, das ging alles ruckzuck. Er zählt nicht zu jenen Menschen, die sich alles zweimal überlegen.

So gab Niki Lauda das Tempo für dieses Buch vor und es wurde ein ziemlich intensiver Frühling. Ich habe in diesen Monaten das Café Imperial mit seinen rot gepolsterten Bänken, den frischen Rosen auf dem Tisch, den Spiegeln, in denen das Licht der Kristallluster glitzert, lieb gewonnen. An acht Mittwochen durfte ich am ersten Tisch links im hintersten Zimmer frühmorgens den Menschen Lauda aus nächster Nähe studieren. Seine ungeheure Präsenz. Wie er, ohne den Faden zu verlieren, für Fans, die an seinen Tisch kamen, Autogramme schrieb. Wie er während meiner Fragen – sichtlich amüsiert – Ehedramen, die sich am Nebentisch abspielten, registrierte. 55 Minuten Lauda exklusiv. Nur zur Lüftung des Kapperls oder zum Nachdenken hielt er während des Redens manchmal kurz inne und strich sich über den nackten Schädel. Das verbrannte Ohr, das verbeulte Gesicht: Zeichen seines unzerstörbaren Willens zu überleben.

Laudas Schlüsselsätze zum Erfolg markieren den Beginn der Kapitel in diesem Buch. Es sind persönliche Bekenntnisse einer irrwitzigen Konsequenz.

So viel Lust, mit Geld zu arbeiten. So wenig Lust, es auszugeben.

ZAHLENSPIELE

»Wenn ich an Geld denke, dann sehe ich nur Zahlen. Keine Scheine, keine Münzen, keine Emotion.«

Geld macht glücklich, Geld ist Energie. Geld beeinflusst Beziehungen, Geld regiert die Welt.

Ich messe diesen Sprüchen nicht sehr viel Bedeutung bei. Für mich ist Geld ganz einfach Geld, da steht nichts dahinter. Psychologie schon gar nicht. Wenn ich an Geld denke, dann sehe ich nur Zahlen. Keine Scheine, keine Münzen, keine Emotion.

Ich liebe Zahlen. Wenn ich in Gedanken 18 Jahre zurückfahre, dann kann ich heute noch genau sagen, wie viel 1997 die erste Boeing 777 für die Lauda Air gekostet hat: 115,8 Millionen Dollar, wir haben zwanzig Prozent Diskont herausgehandelt! Das war für eine Triple Seven ein richtig guter Preis.

Ich weiß auch noch genau, wie viel ich für den Anzug hingeblättert habe, den ich mir für die Hochzeit von Red-Bull-Teamchef Christian Horner mit Geri Halliwell, dem Ex-Spice-Girl, im englischen Bedfordshire schneidern habe lassen. Dunkelblaues Tuch, Einreiher, angefertigt von Maßschneider Thomas Netousek in der Wiener Gumpendorferstraße. 3.275 Euro.

Und mein Frühstück im Wiener Ringstraßen-Café Imperial, wo ich dreimal in der Woche meinen Tag beginne – Schnittlauchbrot, Ei im Glas, dazu ein Joghurt mit gerissenem Apfel und zwei Melange – kostet 26 Euro geradeaus. Da gebe ich immer dreißig, weil ich ohne Münzen auskommen will. Ich hasse das, wenn ich am Flughafen durch die Security gehe und die Münzen scheppern wieder herum.

Schon allein deshalb ist der Vergleich mit Dagobert Duck, der gerne im Geld schwimmt, ein totaler Blödsinn. Der »Schutzheilige aller Geizigen« wohnt ja in einem Geldspeicher und nimmt Bäder in den Münzen! Das Einzige, das Niki Lauda mit Onkel Dagobert verbindet, ist Sparsamkeit. Das haben mir meine Eltern von Anfang an mitgegeben: Ruhig bleiben, nichts ausgeben! Auch die Ente mit dem Dollarzeichen in den Augen verzichtet auf unnötige Ausgaben, weshalb sich ihr Geld langfristig vermehrt statt weniger zu werden. Ein logisches Prinzip: Reich wirst du nur, wenn du mehr Geld einnimmst als du ausgibst.

Sein Vermögen hat Dagobert Duck durch Intelligenz und harte Arbeit erlangt. Ein Zugang, der mir gefällt. Wer erlebt hat, dass man am besten durch eigene Leistung Geld verdient, überlegt sich zweimal, ob und wie er es ausgeben soll.

Das Dollarzeichen in den Augen steht natürlich für Gier. Das hat der Mensch leider so an sich, er ist nie zufrieden. Das gilt für einen Normalverdiener genauso wie für einen Großverdiener. Geld ist eine ganz starke Motivation. Wer von Geld getrieben ist, will immer mehr, das hört nie auf. Die Gier ist ein

Hund. Deshalb überlege ich mir bei Investitionen sehr oft: »Soll ich das noch machen? Steht das noch in einem vernünftigen Verhältnis?« Die Gier verstellt ja den realistischen Blick auf das Risiko. Und ist deshalb sehr gefährlich.

Ich war nie von Geld, sondern immer von Leistung getrieben. Das hat im Rennsport begonnen, wo Leistung und Einkommen direkt verlinkt sind. Wenn ich nicht gewinne, kriege ich kein Geld. Ich bekam die Rechnung für meine Leistung immer sofort präsentiert.

Dieser Leistungsgedanke fehlt mir in unserem Sozialsystem. Da gibt es Konstellationen, wo Menschen mit null Leistung Geld bekommen. Ich will über diese Menschen nicht urteilen. Erstens sind manche vielleicht unverschuldet in Not geraten und auf unser Sozialsystem angewiesen. Andere wiederum haben möglicherweise gar kein Interesse daran, sich anzustrengen und Leistung zu erbringen. Vielleicht wollen sie nur die Vöglein anschauen, das Leben genießen und keine Arbeit dabei haben.

Es heißt ja, wie jemand über Geld denkt, bestimmt auch seinen Umgang damit. Wer sich Scheine vorstellt, möchte reich werden und muss sich vor der Gier in Acht nehmen. Wer Münzen vor sich sieht, ist eben ein Münzen- oder Erbsenzähler. Wer beim Thema Geld emotional wird, lässt sich bei seinen Entscheidungen von Gefühlen statt von Fakten leiten.

Ich sehe, wenn ich an Geld denke, nur Zahlen. Diese Zahlen stehen jeweils für Ziele. 115,8 Millionen Dollar für eine Triple Seven, 3.275 Euro für einen Hochzeits-Maßanzug, 26

Euro für mein Frühstück im Café Imperial. Alles Ziele, die mir das Geld wert sind. Wobei sich mein Lebensstil natürlich auf hohem Niveau abspielt.

Obwohl ich mir in der Schule nur eine einzige Jahreszahl gemerkt habe – 1866: die Schlacht von Königgrätz – und ein schlechter Rechner war, habe ich mit der Zeit ein besonderes Verhältnis zu Zahlen entwickelt. Heute merke ich mir jede Zahl, oft bis auf die letzte Kommastelle. Ich schaue mir die Zahl an und habe sie im Kopf.

Das war gerade bei Verhandlungen oft ein wichtiger Punkt. Da kam ich viel schneller weiter, weil ich nicht dauernd in Unterlagen blättern und suchen musste. Ich konnte mich immer auf mein Zahlengedächtnis verlassen. Ich habe alle relevanten Zahlen, aus all meinen bisherigen Verträgen der letzten vierzig Jahre, da oben im Kopf gespeichert. Ich könnte sie jederzeit abrufen. Ähnlich wie der Tiroler Immobilieninvestor René Benko, der gerne erzählt, dass es in seinem Kopf ständig rechnet.

Für mich persönlich war Geld auch nie ein Machtinstrument, in keiner Weise. Je mehr Geld im Spiel ist, desto wichtiger ist es, mit den Füßen auf dem Boden zu bleiben, selbst das beste Beispiel abzugeben. Als Luftfahrtunternehmer zum Beispiel war für mich immer klar: Der Chef hat das kleinste Büro von allen. Er fliegt die wichtigen Strecken selbst. Er ist »*part of the game*«, denn nur wer mittendrin steht, ist für seine Mitarbeiter auch glaubwürdig.

Mich wundert manchmal, dass viele Unternehmer eine ganz andere Auffassung von ihrem Job haben. Sie agieren so, als wäre fremdes Geld weniger wert als das eigene. Für mich ist es genau umgekehrt. Für fremdes Geld trage ich noch größere Verantwortung.

Verantwortung ist ein gutes Stichwort. Das Leben, das ich führe, ist ein Ergebnis aus meinen Gedanken, meinen Worten, meinen Handlungen. Dafür trage ich die persönliche Verantwortung. Geld ist immer eine Folge meiner Gedanken, meiner Worte, meiner Handlungen.

Ich habe in diesem Buch – basierend auf vielen Gesprächen mit Conny Bischofberger – die markanten Stationen meines Lebens unter dem Gesichtspunkt des Geldes beleuchtet.

Reden wir über Geld! Es lohnt sich.

ERSTE GESCHÄFTE

»Seinen eigenen Weg gehen, auch gegen Widerstände. Das Geld folgt dann schon.«

Ich, Andreas Nikolaus Lauda, wurde im Nachkriegswien 1949 in eine Industriellenfamilie hineingeboren. Gehobenes Großbürgertum, gediegener Lebensstil. Wir wohnten in einer schönbrunnerfarbenen Villa mit Park und Pool in Pötzleinsdorf, und meine früheste Erinnerung ist, dass ich heimlich die Limousinen unserer Gäste umgeparkt habe, während im Salon der Tee serviert wurde. Kindheitsfotos zeigen mich als zartes Bürscherl mit vorstehenden Zähnen, eingeklemmt zwischen Mama und Bruder im Loden-Janker. Meine Mutter fuhr regelmäßig zu einem Zahnarzt hinter dem Wiener Rathaus mit mir, wo ich jahrelang mit Regulierungen gequält wurde. Vom Typ her war ich eher ein Weichling, oder wie man in Wien sagt: Ein Seicherl.

Meine Eltern Ernst-Peter und Elisabeth lernten einander am Arbeitsplatz meines Vaters kennen, in der Neusiedler Papierfabrik, die 1793 gegründet worden war. Generaldirektor war nach dem Ersten Weltkrieg Dr. Emil von Linhart, Vater dreier Töchter. Die mittlere, Elisabeth, heiratete meinen Vater, den Prokuristen Ernst-Peter Lauda, der später selbst Generaldirektor wurde.

Ich und mein jüngerer Bruder Florian wurden von Kindermädchen erzogen, es gab eine Köchin, und mein Vater hatte einen dunkelblauen Buick Skylight – später dann einen Dienst-Mercedes 300 – mit Chauffeur. Der Fahrer brachte meinen Bruder und mich zur Schule. Ich bat ihn jedes Mal, doch bitte ums Eck stehenzubleiben, ich wollte nicht mit Chauffeur vorfahren. So gescheit war ich damals schon.

Ich bin wohlerzogen aufgewachsen, finanziell fehlte es uns an nichts. Der Reichtum wurde bei den Laudas aber nicht nach außen getragen, er war etwas Hintergründiges, Geheimnisvolles. Als ich ungefähr zehn war, fragte ich meinen Vater: »Wie viel Geld haben wir eigentlich?« Er erhob seinen Zeigefinger und sagte: »Pass auf! Über Geld spricht man nicht. Und wenn du noch einmal fragst, kriegst ein paar Watschen.«

Wir fuhren einmal im Jahr auf Urlaub, nichts Besonderes, bescheiden eigentlich. Ich glaube, wir bekamen nicht einmal Taschengeld. Der sorgsame Umgang mit Geld war in meinem Elternhaus mit seinen gewachsenen Werten und ererbtem Besitz eine Grundregel. Keine unnötigen Ausgaben, lautete die Devise. Und schon gar nicht schmiss man das Geld zum Fenster hinaus.

Mein Großvater bewegte sich schon eher wie ein echter Millionär. Er war der Vorzeige-Industrielle im Land und wohnte in einem Ringstraßenpalais mit livrierten Dienern, die schwarze Uniformen und weiße Handschuhe trugen. Hans Lauda war Generaldirektor der Veitscher Magnesitwerke. 1938 entließen ihn die Nazis, nach dem Krieg kehrte er jedoch wieder auf seinen Posten zurück. Als Präsident der österreichischen Industriellenvereinigung zählte er zu den Wegbereitern der Sozialpartnerschaft und des Wirtschaftswunders. Er war bis 1974 auch Präsident des Roten Kreuzes und war deshalb persönlich bekannt mit Fürstin Gracia Patricia, die in Monaco Rot-Kreuz-Präsidentin war. 1956 organisierte er die Hilfe für Tausende Ungarnflüchtlinge. Ich war damals erst sieben, aber ich weiß aus Erzählungen meiner Mutter, dass alle in der Lauda-Familie Kleider sammeln und Pakete schleppen mussten.

Wenn Großvater mit seinem wunderschönen dunklen Jaguar Mark X, Kennzeichen »W 313«, bei uns vorfuhr, schlug mein Herz höher. Manchmal kletterte ich heimlich ans Steuer seines Wagens und drehte ein paar Runden im Garten.

Sein Auto war ein Traum, aber als Mensch war mein Großvater ein Tyrann. Der Alte terrorisierte mit seiner Dominanz die gesamte Familie. Als ich in seinem Anwesen in St. Moritz, wo wir als Kinder skifahren lernten, einmal das Stiegengeländer hinuntergerutscht bin, hat er mich wegen eines angeblichen Kratzers niedergebrüllt. Unsere Geburtstage wusste er nur durch seine Sekretärin. Da verteilte er Kuverts, in denen ein paar 100-Schilling-Scheine waren, und eine Karte mit seiner Unterschrift drauf.

Später, als ich schon wusste, dass ich einmal Rennfahrer werden wollte, schimpfte er, dass das ein »Trottelsport« sei. Legendär sein Ausspruch, dass ein Lauda nicht auf der Sportseite der *Kronen Zeitung* stehen müsse, sondern im Wirtschaftsteil der *Presse*. Noch viel später verwendete ich meine ganze Energie darauf, ein Anti-Lauda zu werden. Mein Großvater diente mir dabei als Reibungsfläche.

Mein erstes eigenes Geld habe ich mit Schneepflügen verdient. Im Schöller-Park in Hirschwang an der Rax, wo sich die Betriebsstätte der Neusiedler AG befand, gab es einen Räumdienst, da hab' ich mich gemeldet. Für jede Nachtstunde, die man auf dem Traktor mit Riesenschaufel fuhr und Schneeberge wegschaffte, gab es 12 Schilling. Man brauchte dafür auch keinen Führerschein. Mir ging es mehr ums Traktorfahren als ums Geldverdienen. Das Geld war die angenehme Nebenerscheinung einer Tätigkeit, die mich ausfüllte. Diese Regel hat sich in meinem Leben noch sehr oft bestätigt.

Als ich 16 war, erfuhr ich, dass meine Familie adelig ist. Das geht zurück auf meinen Urgroßvater Ernst Ritter von Lauda, der zur Zeit Kaiser Franz Josephs als k. u. k. Sektionschef für die Regulierung der Donau verantwortlich war. Damals wurde Wien alljährlich von katastrophalen Überschwemmungen heimgesucht, und seine gelungene Flussregulierung war der Grund, dass ihn der Kaiser in den erblichen Adelsstand erhob. Also könnte ich mich heute auch »von« und »zu« nennen. Andreas Nikolaus Ritter von Lauda. Auf das Aristokratische hab' ich immer gepfiffen.

Unbestritten waren die Laudas etwas Besonderes. Auch der Bruder meines Großvaters. Er ging als »letzter Ritter der Medizin« in die Geschichte der Wiener Medizinischen Schule ein. Patienten aus aller Welt flogen ein, um sich vom Chef der

Klinik, Professor Ernst Lauda, behandeln zu lassen. Leber, Milz und Darm waren die Spezialgebiete von Wiens führendem Internisten.

In der Lauda-Familie wurden auch besondere Hobbys gepflegt. Meine Eltern legten zum Beispiel großen Wert darauf, dass ihre Söhne, sobald sie zehn waren, reiten lernten. Großvater hatte selbst zwei Pferde und war Präsident der Campagne-Reitergesellschaft. Im Sommer wurden Florian und ich einen Monat lang auf ein Reitercamp in Newforest, England, geschickt, damit wir dort die Sprache lernten. Dabei fürchtete ich mich ungeheuer vor Pferden. Sobald ich das »Trapp trapp« hörte, wurde mir schlecht und ich versteckte mich auf dem Klo.

Ich hatte einfach andere Interessen. Autos, Motoren, Technik! Eines Morgens, noch im Pyjama, heizte ich eine Spielzeug-Dampfmaschine an. Zuvor mischte ich das Wasser im Kessel mit Eisenfeilspänen. Was natürlich keine so gute Idee war. Prompt gab es eine Explosion, und der heiße Dampf verbrannte mich am rechten Oberschenkel. Meine Eltern waren fertig.

Mit meinem Bruder Florian habe ich meistens gestritten. Uns verbinden bis heute keine Interessen, nur die Tatsache, dass wir Brüder sind. Einmal lag ich im Bett, da kletterte Florian auf den Nachttisch und wollte auf mich springen. Ich kippte den Tisch mit meinem Fuß um, und meinen Bruder prackte es auf den Boden. Da kam der Vater und gab mir eine Watschen.

Manchmal spielten wir gemeinsam Feuerwehr. Um das Ganze ein bisschen authentischer und herausfordernder zu machen, schleppte ich eines Tages einen Kanister an, schüttete das

Benzin aus, zündete es an und befahl Florian, das Feuer zu löschen. Obwohl die Schläuche bereit lagen, geriet der Brand kurz außer Kontrolle. Die Garage wäre fast abgebrannt und ein paar Obstbäume waren angesengt. Das Autofahren haben mir meine Cousins, die Czepregley-Söhne, beigebracht, in einem roten Puch 500. Damals war ich zwölf Jahre alt.

Mit 15 wurde ich gezwungen, in die Oper zu gehen. Meistersinger von Nürnberg, ich saß mit meinen Eltern und Michel, einem Klassenkameraden, in einer Loge. Es war so fad, dass mein Freund sein Klappmesser auspackte und begann, in der Loge am Sitzpolster zu ritzen. Ich ärgerte mich, dass man kein Wort verstand. Die sangen die ganze Zeit, aber ich hatte keine Ahnung, worum es da ging. Es war mein erster und letzter Opernbesuch.

Als Nachkomme der Dynastie hätte ich eigentlich Papier-Industrieller oder Generaldirektor bei den Magnesitwerken oder zumindest Arzt werden sollen. Was aber aufgrund meines mangelnden Schulerfolges sowieso nicht infrage kam. Im Gymnasium in der Krottenbachstraße blieb ich schon in der dritten Klasse sitzen, ich glaube, es war in Religion, und in der fünften noch einmal – diesmal in Latein. Rückblickend kann ich sagen, dass die Schule den Fokus auf meine Schwächen gelegt hat. Statt das Beste aus mir herauszuholen, haben mir die Lehrer vor Augen geführt, was ich nicht konnte. Still dasitzen und zuhören. Dinge auswendig lernen, die sinnlos sind. Mich anstrengen, um irgendwelche Prüfungen zu bestehen oder um gute Noten zu bekommen. Das interessierte mich einfach nicht.

Mit 18 flog ich aus der Schule und begann eine Mechaniker-Lehre. Das war für einen Lauda zwar eine ziemliche Schande, aber für mich war es okay. Ich liebte ja Autos.

Ich kam in eine Volvo- und BMW-Werkstatt und lernte alles über Motoren. Meine Karriere bekam aber relativ rasch einen Knick. Denn eines Morgens um 7 Uhr kam ein aufgeregter Geschäftsmann und wollte rasch einen Ölwechsel, weil er um 8 einen wichtigen Termin hatte. Ich fuhr das Auto über eine Grube, stieg darunter und versuchte, die Mutter der Ölwanne aufzukriegen. Leider drehte ich die Schraube in die falsche Richtung. Die Ölwanne war kaputt, und es gab einen riesigen Wirbel, weil der ganze Motor ausgebaut werden musste. Das dauerte zwei Tage, der Kunde tobte wie ein Irrer.

Fortan wurde ich wie der größte Trottel behandelt, die Mechaniker schickten mich nur noch zum Wurstsemmelholen. Da ich die Bestellungen – Extrawurst, Wiener, Krakauer, Braunschweiger, Dürre, mit und ohne Gurkerl – dauernd verwechselte, schmissen sie mir reihenweise die Schraubenschlüssel und andere Dinge nach.

Ich war endgültig das schwarze Schaf in der Familie. Mein Vater steckte mich daraufhin in die Maturaschule, die hatte den Ruf, dass sie auch die hoffnungslosesten Söhnchen noch irgendwie durchbrachte. Eine Zwischenprüfung in Englisch – es war die einzige, die ich ablegte – brachte mir so viel »Erfolgshonorar« von der begeisterten Verwandtschaft ein, dass ich mit dem Geld einen gebrauchten VW Cabrio kaufen konnte, der genauso alt wie ich war – Baujahr 1949! Er hatte einen Vergaser, einen halboffenen Motordeckel und breite Räder, war also für die normalen Straßen nicht zugelassen. Ich ließ ihn auf das Gut meiner Großeltern in Niederösterreich schleppen, lackierte ihn, nahm ihn auseinander, baute ihn wieder zusammen. Ich düste dort herum wie ein Wahnsinniger. Ich baute sogar eine Sprungschanze und sprang mit dem Käfer Rekord – 22 Meter weit!

Meine Passion für Autos und Technik teilte im ganzen Lauda-Clan nur einer mit mir, und das war mein Onkel Heinz. Er war Staatsmeister im Gocart-Fahren. Immer wenn er ein neues Gocart bekam, durfte ich damit 2.000 Touren im Kreis fahren. Dem Onkel war das zu langweilig, erst wenn ich es eingefahren hatte, gab er Vollgas damit. Mit ihm bin ich später auch zu meinem ersten Formel 1-Rennen am Nürburgring gefahren. Er war der Mentor für meine großen Ambitionen.

Mein Schulnachbar war der Peter Draxler, Sohn des damaligen Rapid-Präsidenten und legendären Wiener Geflügelhändlers. Wir waren bildungsmäßig ungefähr auf demselben Niveau, aussichtslose Fälle alle beide. Sein Vater hatte einen nagelneuen weißen Austin Mini Cooper S als Zweitwagen in der Garage stehen, und ich überredete Peter aus lauter Fahrgeilheit, ihm die Schlüssel für eine kleine Spritzfahrt zu klauen. Ich war 18 und hatte gerade einmal den Führerschein. Wir kurvten rauf auf die Wiener Höhenstraße, auf der Brücke war Raureif. Ich mit voller Post in die Kurve, da erwischte der Mini den Randstein. Totalschaden!

Peter hatte Riesenfedern vor seinem Vater, und mir war der Unfall peinlich. »Wenn du ihm den Mini schnell abkaufst, merkt er es gar nicht«, erklärte Peter und nannte mir auch gleich den Preis: 38.000 Schilling.

Für mich gab es nur einen Weg, zu diesem Geld zu kommen, und der lief über Oma Emmi. Sie wohnte nach der Scheidung von meinem Großvater bei uns im Haus und so ging ich rauf zu ihr in den ersten Stock und erzählte ihr, dass ich ein Grundstück kaufen könnte auf dem Kahlenberg. Es würde 38.000 Schilling kosten.

Der Gedanke, dass ihr Enkelsohn im Alter von 18 bereits an eine Investition in Grund und Boden dachte, gefiel ihr. Wir fuhren rauf auf den Kahlenberg, ich zeigte irgendwohin und sagte: »Schau, Oma, dort wäre das Grundstück!« Darauf sie: »Ein Grundstück, das macht Sinn.« Am übernächsten Tag wollte sie nochmal rauf auf den Kahlenberg und ich zeigte ihr wieder den Platz. »Oh, Niki, du hast sogar Rasen gemäht am Grundstück!« Die Oma war ganz entzückt, fuhr mit mir auf die Bank und überreichte mir 38 blaue Scheine.

Ich hatte schon ein schlechtes Gewissen, aber für seinen schrottreifen Mini hätte ich nie so viel Geld bekommen. Ich brauchte ihn, weil ich nämlich in der Autorevue gelesen hatte, dass Staatsmeister Fritz Baumgartner, der schnellste Mann auf Minis, seinen Wagen verkaufte. Mein Plan war, den Unfall-Mini zu reparieren und gegen diesen Renn-Mini einzutauschen.

Ich trat beim Hendlkönig an, und der Alte willigte sofort ein, mir den Mini um 38.000 Schilling zu verkaufen. »Mein Sohn wird dich zur Garage führen.« Draxler hatte keine Ahnung, dass sein Zweitauto auf der Höhenstraße im Graben lag.

Ich habe dann noch ein zweites Mal geschwindelt in meinem Leben. Meine Eltern bestanden nämlich auf einen Schulabschluss, dabei hatte ich in der Maturaschule das Lernen längst aufgegeben und weiter an meiner Rennfahrer-Karriere gebastelt. Ich dachte logisch nach. Und kam zu folgendem Schluss: Da ging es einzig und allein um die Ambitionen meiner Eltern, denen konnte geholfen werden …

Kurz hatte ich mir die möglichen rechtlichen Folgen vor Augen geführt, gelangte dann aber zur Überzeugung, dass die Fälschung eines Maturazeugnisses für den Hausgebrauch keine so große Sache sei. Eine Schülerin aus meiner Klasse überließ mir ihr Original, meldete den Verlust ihres eigenen Zeugnisses und kriegte ein Duplikat. In der Bank hinter mir saß ein Kollege, der meinte: »Ich kann dir das Zeugnis umbauen.« Er nahm Radiergummi und Tintentod, löschte den Namen der Schülerin aus und schrieb Andreas N. Lauda an die Stelle. Mit diesem wirklich miserabel gefälschten Zeugnis fuchtelte ich vor den Augen meiner Eltern ein paar Mal hin und her; alle waren happy. Es ertönte ein einziger Jubelruf: Der Niki hat maturiert! Ich hab's dann zerrissen und konnte mich wichtigeren Dingen zuwenden.

Dem ersten Geldgeschäft meines Lebens zum Beispiel: Den reparierten Mini tauschte ich dann tatsächlich gegen den Mini des Staatsmeisters ein. Baumgartner wollte aber für das Rennauto noch 20.000 Schilling extra, obwohl der Motor kaputt war. Ich lud ihn in die Pötzleinsdorfer Straße ein, was meine Bonität drastisch erhöhte. Dort bauten wir den Motor des dunkelblauen Wagens mit weißem Dach nach und nach zusammen und schliffen die Ventile ein. Mein erstes Rennauto dürfte um die 100 PS gehabt haben, beim ersten Rennen, 1968 in Mühlacken, landete ich gleich auf Platz zwei.

Als Baumgartner unsere altehrwürdige Villa erblickt hatte, gab es für ihn keinen Zweifel, dass er die 20.000 Schilling auch irgendwann bekommen würde. So bin ich – nach einem abenteuerlichen finanziellen Seiltanz – ein Rennen nach dem anderen gefahren. Porsche, Formel V, Formel 3, Formel 2.

Der Oma beichtete ich später, dass ich kein Grundstück gekauft hatte mit ihrem Geld. Sie war kurz sehr böse, verkraftete es dann aber schnell. Meine erste Investition – halt nicht in ein Grundstück – war ja auch kein schlechtes Geschäft gewesen.

Baumgartner aber pilgerte irgendwann zu meinem Vater in die Firma und verlangte seine 20.000 Schilling. Der alte Herr machte einen Tango. Er zahlte schließlich unter der Bedingung, dass ich mit dem Rennfahren sofort aufhöre. In Wirklichkeit hatte ich schon zwei Siege in der Tasche. Ich war kein Seicherl mehr.

Wenn mich meine Kindheit etwas gelehrt hat, dann das: Du musst deinen eigenen Weg gehen, auch gegen Widerstände. Das Geld folgt dann schon. Es folgt aber naturgemäß denen, die vorausgehen, nicht den Herumirrenden, die nicht wissen, was sie wollen. Nur so hatte ich den Sprung in den Rennsport geschafft, wo ich bald sehr viel Geld verdienen sollte. Durch diese Erfahrung war ich Jahrzehnte später als Airline-Gründer auch gerüstet für den Kampf gegen die mächtige AUA.

Es war der Sommer 1968, ich fühlte mich endlich unabhängig und zog aus der Pötzleinsdorfer Villa aus, um in einer winzigen Salzburger Wohnung zu hausen. Ich hatte mich für den steinigen Weg entschieden.

ZEIT IST GELD

»Auf dem schnellsten Weg zum Ziel kommen: Ich musste erst lernen, dass das nicht immer funktioniert.«

Fad ist ein Lieblingswort von mir. Es ist sehr wienerisch und drückt auch lautmalerisch aus, dass sich einfach nichts bewegt, dass nichts weitergeht, dass es eben langweilig ist. Ein Zustand, den ich ganz und gar nicht schätze ...

In Gesellschaft zum Beispiel wird mir oft fad. Deshalb reduziere ich meine öffentlichen Auftritte mittlerweile auf ein Minimum. Wenn der Job es verlangt, dann mache ich es zu 100 Prozent. Aber wenn ich es mir aussuchen kann, bin ich sehr strikt. Ich schaue mir die Einladungen, die täglich kommen, genau an und entscheide, was ich machen will und was nicht.

Diese sogenannten Seitenblicke-Events meide ich. Mich stört einfach der Smalltalk. Sowas kann ich mir nur ein paar Sekunden lang anhören. Dann sage ich, weil ich ja ein wohlerzogener Mensch bin: Entschuldigung, ich muss kurz raus. Dann komme ich nie mehr wieder. Für Smalltalk – das Wort sagt ja schon, dass da nichts Großartiges geredet wird – ist mir meine Zeit zu schade.

Wenn Birgit und ich mit Bekannten im Restaurant sitzen, kommt auch sehr schnell der Punkt, an dem ich erkenne: Da kommt nichts mehr! Ich habe mir alles angehört, ich habe alles verstanden, was rundum diskutiert wurde, und weiß einfach: Jetzt ist es genug. Trotzdem bleibe ich höflich und frage bei Birgit nach: Kann ich schon die Rechnung bestellen?

Ich mag es auch im Alltag nicht, wenn herumgeredet wird. Das ist nicht nur fad, das kostet auch viel Zeit. Wenn ich mich nicht auskenne, sage ich: Komm auf den Punkt, worum geht's eigentlich? Das irritiert viele Leute, die sich erst einmal warmreden wollen. Aber so wurde ich im Rennsport geprägt.

Dort hatte ich drei Mechaniker, einen Ingenieur und meinen rechten Gasfuß. Je mehr Gas ich gab, desto mehr Geld kam in die Kasse. In der Formel 1 machen extrem ehrgeizige Menschen einen Job, der einzig und allein auf Erfolg ausgerichtet ist. Dann kam ich in die Privatwirtschaft und musste plötzlich Leute motivieren.

Ich dachte immer, dass sich Probleme lösen, indem man auf dem schnellsten Weg versucht, zum Ziel zu kommen: Ich musste erst lernen, dass das nicht immer funktioniert. Dass es nicht nur rechts und links, nicht nur schwarz und weiß gibt. Heute schenke ich den Grauzonen dazwischen wesentlich mehr Aufmerksamkeit.

Eines war aber für mich immer klar: Dass ich das, was ich von meinen Mitarbeitern verlange, selber auch vorleben muss. *Leading by Example.*

Pünktlichkeit zum Beispiel. Als Airline-Chef lautete meine Bitte an die gesamte Crew, immer pünktlich da zu sein, den Flieger in Ruhe fertig zu machen, ohne Hektik. Ich wollte nicht nur pünktlich, sondern schon früher wegkommen. Denn wenn der erste Flieger um 15 Minuten früher abhebt, dann gibt mir das einen Polster für den ganzen Tag.

Ich selbst suchte mir immer einen mittleren Flug aus, also zum Beispiel 7 Uhr morgens Wien-Zürich – nicht den früheren und auch nicht den späteren Flug. Nach dem Crew-Briefing fuhr ich allein hinaus zum Flugzeug und beobachtete bei dieser Gelegenheit auch gleich die sechs anderen Flieger davor und danach. Wann waren sie technisch abgefertigt? Wann kam die Crew? Wann war das Catering da? So verschaffte ich mir gleich einen Gesamtüberblick der Lage. Wenn es Probleme gab, verteilte ich sie anschließend, um sie lösen zu lassen.

Pünktlichkeit lebe ich auch privat. Obwohl mein Terminkalender oft sehr eng ist, komme ich prinzipiell nie zu spät, sondern immer eine Viertelstunde zu früh. Das klingt jetzt aus dem Mund eines Mercedes-Fahrers vielleicht komisch und möglicherweise auch ein bisschen altmodisch, aber ich denke mir: Ich könnte ja auch einen Patschen haben! Deshalb fahre ich lieber etwas früher weg und habe noch etwas Zeit für mich selber. Ich werde nie verstehen, wieso achtzig Prozent aller Menschen völlig hektisch und aufgelöst bei Terminen erscheinen und sich fünfmal entschuldigen, dass sie zu spät dran sind. Manche stellen sich sogar die Uhr zurück, das ist überhaupt absurd. Warum?

Um pünktlich zu sein. Warum können sie nicht gleich pünktlich sein? Ist ja nicht so schwer.

Auf Unpünktlichkeit reagiere ich konsequent. Ich warte fünfzehn Minuten, die akademische Viertelstunde, dann bin ich weg. Weil das meine Zeit ist und weil Unpünktlichkeit extrem unprofessionell ist. Unpünktliche Menschen machen dir ja mit ihrer Disziplinlosigkeit einen ganzen Rattenschwanz von Problemen, weil sich dann alle Termine nach hinten verschieben. Ich mag Leute, die zu früh kommen. Dann kriegen sie, wenn ich mit dem vorigen Termin schon früher fertig geworden bin, vielleicht sogar ein bisschen mehr von meiner Zeit.

Ein spezieller Fall sind Journalisten. Meine Assistentin, Sanja Jovanovic macht alle meine Termine und koordiniert Interviewanfragen, die nicht direkt zu mir aufs Handy gelangt sind. Wenn ich zu ihr hinkomme, nehme ich einen Sessel, setze mich neben sie und sage: »Was gibt's?«

Dann liest sie mir vor, was Menschen alles von mir wollen, und ich sage: Ja, nein, ja, nein. Das muss alles ganz schnell gehen. Ruck-zuck, so funktioniert das bei uns. Sanja kennt meine Prioritäten ganz genau, und sie spricht meine Sprache. Da gibt es kein ärgerliches Gequatsche mit einerseits und andererseits und möglicherweise und vielleicht doch nicht. Wir kommen gleich auf den Punkt. Sanja kennt mich auch schon so gut, dass sie mich bei gewissen Dingen gar nicht mehr fragt. Sie will sich meine Antwort ersparen: »Bitte, Sanja, schmeiß es gleich weg!«

Wenn sie mich informiert, dass die Zeitung soundso wieder angefragt und dass sie bereits abgesagt hat, dann denke ich mir manchmal, die armen Hunde haben es schon 40 Mal probiert, vielleicht sollten wir sie einmal drannehmen. Das ist eine Frage von Effizienz, denn die melden sich ja immer wieder, weil sie hartnäckig sind, oder sie melden sich gar nicht mehr, weil sie sich so ärgern. Beides ist schlecht, also mache ich manchmal auch solche Termine.

Wenn Medien anfragen, von denen ich noch nie in meinem Leben etwas gehört habe, dann recherchiert Sanja, was das für Medien sind, wie lange es sie schon gibt, wie viel Auflage sie haben, welche Blattlinie und so weiter.

Nur eines machen wir prinzipiell nicht: Interviews für Nullnummern! Der Name sagt ja schon alles. Da wirst du zur Nullnummer gemacht. Klar ist ein Lauda gut fürs Renommée der Testausgabe von Magazinen, die dann sowieso nie auf den Markt kommen, aber dafür vergeude ich wirklich nicht meine Zeit.

Stichwort Zeitvergeudung: 1975 bemühte sich der österreichische Schriftsteller Peter Handke zum Nürburgring, um mich für ein *Spiegel*-Essay zu porträtieren. Ich war damals 25 und lebte natürlich in meiner Rennfahrerwelt. Ich habe mich wirklich bemüht, seine künstlerisch-intellektuellen Ansätze für das Gespräch zu verstehen, aber in Wahrheit war mir die ganze Zeit schleierhaft, was er überhaupt von mir wollte. Ich bin ihm nicht böse, aber er schrieb unter dem Titel »Das Öl des Weltmeisters«– ich weiß bis heute nicht, wie diese Schlagzeile gemeint war – Sätze wie diese: Lauda, über anderes befragt als über Technisches (in allen Bedeutungen dieses Wortes) definiert dieses andere immer nur mit dem Wort, das dafür verwendet wird: Das heißt, außerhalb der technischen Sprache redet er in Tautologien: »Meine Mutter? Meine Mutter ist halt eine Mutter. Die Eltern? Die Eltern sind, wie sie sind«. So, als wäre ich ein Dodel (obwohl ich ehrlich zugebe, dass ich keine Ahnung habe, was Tautologien sind). »Der Rennbahnreporter«, so Handke in seinem salbungsvollen Text weiter, »hat Lauda wie jemanden beschrieben, den es schon lang nicht mehr gibt und dessen lebensechte Nachbildung ein trottelhafter Fremdenführer vor unseren Augen noch einmal ausmottet.« Das Formel 1-Publikum bezeichnete Handke als »tragische, wesenlose, nicht einmal gerichtsbekannte Bierbäuche ohne Lebensgeschichte.« Das einzig Lustige in dem Essay war, dass er eine Gedankentechnik beschrieb, die ich mir beim Rennfahren zugelegt hatte. Ein Grand Prix war 300 Kilometer, was der Strecke Wien-Salzburg entsprach. Um das Zeitgefühl nicht zu verlieren, sagte ich mir, während ich so im Kreis fuhr: »Jetzt bin ich schon in St. Pölten.«

Ein positives Porträt über mich und die Formel 1 war das wohl nicht. Ich glaube, dass er meine Welt nicht verstanden hat, und ich seine nicht. Wir sprachen einfach nicht dieselbe Sprache. Ist passiert und nicht weiter tragisch. Ich kann damit leben. Ich habe mich nur geärgert, dass ich mit ihm überhaupt meine Zeit verplempert habe.

Einer amerikanischen Journalistin hingegen habe ich einmal einen kleinen Streich gespielt, der sehr zeitintensiv war. Sie arbeitete für eine von diesen US-Morningshows, die wollten mich an der Unfallstelle am Nürburgring interviewen. Mir war klar, dass sie mit einem großen, emotionalen Lauda-Moment spekulierten und dachten: Der wird jetzt sicher weinen, wenn er in der Kurve bei Kilometer 10,7 steht, in der er fast verbrannt wäre. Deshalb habe ich mir vom Frühstücksbuffet meines Hotels ein braunes Laugenkipferl mitgenommen und vorher ins Gras gelegt.

Die Journalistin – groß, blond, alles dran – fragte mit bedeutungsvoller Miene: »*How is it to be here ...*«

Ich unterbrach sie – »*Just a moment!*« – und ging ein paar Schritte ins Gras.

»*What are you doing?*«

Ich sagte: »*Oh, look! Here's my ear!*«

Die war fertig, sie hat komplett die Fassung verloren. Sie mussten alles noch einmal drehen. In diesem Moment spürte ich eine kindische Schadenfreude. Ich hatte ihnen die Show vermasselt. Der Retake war mir die Zeit wert ...

Normalerweise finde ich Vergnügen aber eher daran, Zeit einzusparen und Wege abzukürzen. Als wir zum Beispiel am Flughafen Wien-Schwechat mein Büro für meine zweite Fluglinie Flyniki bauten, fand in unserer provisorischen Zentrale bei der »*General Aviation*« eine Besprechung statt. Gleich zwölf Herrschaften, allesamt Experten des Baufaches, traten an, um mich in allen Details über die Baufortschritte zu unterrichten.

Ich wurde schnell unruhig, denn ich brauchte als Nicht-Experte schon einige Konzentration und Fantasie, um den Ausführungen halbwegs folgen zu können. Schließlich hatte ich genug. »Wie wäre es denn, wenn wir uns das alles an Ort und Stelle ansehen?«, fragte ich in die Runde.

Die zwölf Herrschaften nickten geflissentlich. Schließlich war ich ihr Auftraggeber, ich war derjenige, der die Rechnung zahlte. Wie in einer skurrilen Filmszene zückten sie alle ihre Terminkalender, um mit gerunzelter Stirn nach Zeitfenstern zu suchen.

Es war klar, dass ein gemeinsamer Termin, wenn überhaupt, frühestens nach Weihnachten zustande käme (wir hatten gerade Anfang August), aber sie hatten mich ohnedies falsch verstanden. Ich hob eine Hand. »Nein, nein«, sagte ich. »So war das nicht gemeint. Was halten Sie davon, wenn wir einfach gleich da hinaus fahren, wir alle miteinander? Jetzt, auf der Stelle? Dann wäre die Sache rasch vom Tisch.«

Während ich das sagte, stand ich schon auf. Die Zwölf sahen mich verdutzt an, doch es dauerte noch ein paar Schrecksekunden, bis sich ein jüngerer Mann meldete. »Ich habe einen Schlüssel dabei«, sagte er. »Also warum eigentlich nicht?«

Wir stiegen in unsere Autos und fanden uns kurze Zeit später in meinem künftigen Büro ein, das zu diesem Zeitpunkt noch aus Beton und ein paar halbfertigen roten Ziegelwänden bestand. Als die Zwölf hier ihre Ausführungen fortsetzten, konnte ich ihnen viel leichter folgen, mit viel weniger Aufwand an Konzentration und Fantasie. Zum Beispiel bemerkte ich, dass die Arbeiter gerade eine Wand an der falschen Stelle errichteten. Da, wo sie gerade aus dem Boden wuchs, wäre sie schlicht und einfach eine Fehlkonstruktion gewesen.

Wir konnten den Fehler an Ort und Stelle beheben. Wir sagten es einfach den Maurern, und die Sache war erledigt.

Gegen einen Terminkalender, wie ihn die zwölf Herren bei sich trugen, habe ich mich lange gewehrt, ich hatte meine Sachen ohnehin immer im Kopf. Aber seit ein paar Jahren trage ich alle Termine am iPhone ein. Sanja baut selbstständig Termine ein, sie sieht meine, ich sehe ihre, das funktioniert perfekt. Am Abend werfe ich einen Blick ins Handy und schaue mir an, wie der nächste Tag aussieht. Dann habe ich alle Zeitfenster im Kopf, ich weiß von jedem Termin, wie lange er genau dauert, wann der nächste beginnt, wann dazwischen Zeit bleibt, zu telefonieren oder Mails zu checken.

Diese Zeitbesessenheit muss ich mir im Rennsport angeeignet haben, wo Geschwindigkeit der Maßstab deines Erfolges ist.

Es war im Frühling 1975, da tat Jenzey, mein Salzburger Cousin, eines Tages ganz geheimnisvoll und fuhr mit mir zum Flughafen. Dort zeigte er mir eine einmotorige Cessna 150. »Die habe ich gemietet«, erklärte er ganz stolz, »und jetzt fliegen wir los!« Jenzey hatte gerade den Pilotenschein gemacht und wollte mit mir, dem Ferrari-Piloten, einen Sightseeingflug über das Inntal absolvieren. Wir drehten ein paar Runden am Himmel über der Stadt und dann weiter Richtung Innsbruck. Der Blick über beide Seiten der Alpen ließ mich plötzlich eine Direttissima zwischen Salzburg und Ferrari erahnen. Die Vorstellung ging mir nicht mehr aus dem Kopf. Mit einer Zweimotorigen, so sagte ich mir, könnte ich die sechs Stunden Autofahrt nach Bologna ganz leicht auf eine Stunde reduzieren.

Ich hatte nie einen Traum vom Fliegen, und schon gar nicht betrachtete ich Fliegen als ein erstrebenswertes Hobby. Ich wollte schneller sein. Ich wollte Zeit sparen.

Weil ich damals schon halbwegs Geld verdiente, schaffte ich eine Cessna Golden Eagle an, hatte meinen eigenen Piloten und lernte beim Mitfliegen die Praxis. Ich wurde Flugschüler und meine bevorzugte Strecke war Salzburg-Bologna. Das machte gleich doppelt Sinn.

So kam ich zur Fliegerei, machte einen Schein nach dem anderen und gründete vier Jahre später als erster Formel 1-Fahrer und Berufspilot eine Fluglinie.

MEIN ERSTER KREDIT

»Der Konflikt mit meinem Großvater hat mich ein Leben lang geprägt. Ohne die Steine, die er mir in den Weg gelegt hat, wäre ich vielleicht nie zu dem Kämpfer geworden, der ich heute bin.«

Zeltweg, 15. August 1971. Großer Preis von Österreich. Brütende Hitze am Österreich-Ring, ich schwitze in einem March-Ford, letzte Startreihe. Eine Kindheitserinnerung taucht auf. Ich bin auf Besuch bei Onkel Heinz, wir schauen gemeinsam ein Formel 1-Rennen im Fernsehen an. »Einmal im Leben möchte ich hinten in der letzten Startreihe stehen und auch mitfahren«, soll ich damals gesagt haben. Genau das passierte an diesem Sonntag, vor 120.000 fiebernden Fans auf den Tribünen. Ich konnte mich endlich mit den besten Fahrern der Welt messen. Dass der March ein elend schlechtes Rennauto war, mit dem ich schon im Training nichts als Probleme gehabt hatte, ist eine andere Geschichte.

Den Platz in dieser Gurke hatte ich mir teuer erkauft. March hatte damals den schwedischen Superstar Ronnie Peterson als Nummer eins, benötigte daher keine wirklich gute Nummer zwei, sondern nahm auch einen wie mich – gegen die Summe von 500.000 Schilling. Ich schaffte es, bei der Ersten Österreichischen Spar-Casse einen Werbevertrag in dieser Höhe zu bekommen – der Name Lauda spielte sicher eine nicht unwesentliche Rolle dabei, zumal mein Großvater Hans Lauda dort im Aufsichtsrat saß. Für einen kombinierten Formel 2- und Formel 1-Vertrag wollte March-Rennchef Max Mosley aber 2,5 Millionen Schilling. Ich wusste: Das war mein Einstieg in die Königsklasse. Und sagte sinngemäß: »*No problem, Mister Mosley.*«

Ich ging zur Ersten und schilderte mein Problem. Man sagte mir die Aufstockung meines Sponsorvertrags auf 2,5 Millionen Schilling zu.

Ich flog nach London, um den Vertrag für das Kauf-Cockpit bei March zu unterschreiben. Nach meiner Rückkehr nach Wien passierte das Unfassbare: Erste-Chef Friedrich Adamek rief mich an und sagte: »Herr Lauda, alles ist geplatzt! Wir mussten mit Ihrem Ansuchen in den Aufsichtsrat. Dort ist Ihr Herr Großvater gesessen und hat die Auszahlung verhindert.«

Ich konnte es nicht glauben. Ich stand da mit einem unterschriebenen Vertrag und hatte das Geld nicht. Da bin ich zu meinem Großvater gefahren. »Warum mischst du dich da ein?«, wollte ich von ihm wissen. Hans Lauda sagte nur: »Kommt nicht infrage, dass du Autorennen fährst. Fertig.« Der millionenschwere Despot hatte tätsächlich mein Formel 1-Projekt abgeschmettert. Das war meine erste echte Krise.

Der Konflikt mit meinem Großvater hat mich in der Folge ein Leben lang geprägt: Hätte er damals nicht meinen Kredit verhindert, wäre ich vielleicht nie der Kämpfer geworden, zu dem ich in der Situation wurde und der ich noch heute bin. Ich ermahnte mich, logisch nachzudenken: Krise hin oder her, dachte ich. Es muss noch einen anderen Weg geben, zu meinem Ziel zu kommen.

Dieser Weg führte mich zu Raiffeisen. Dort traf ich einen Mann, der einen feinen Sinn für das Mögliche und Unmögliche hatte und mir deshalb bis heute in angenehmer Erinnerung geblieben ist. Werbeleiter Karlheinz Oertel.

»Ich brauch' 2,5 Millionen Schilling«, sagte ich.

Darauf er: »Wo wollen S' denn das Schloss hinbauen?«

»Nix Schloss. Formel 1«, erwiderte ich.

Ich dürfte Oertel mit meiner fixen Vorstellung von einer Rennfahrer-Karriere beeindruckt haben, denn er verschaffte mir den Kredit. Blieb nur noch eine Frage zu klären: »Was machen wir, wenn Sie verunglücken?« Mir gefiel die direkte Art von Oertel. Ich schloss umgehend eine Ablebensversicherung über 2,5 Millionen Schilling bei der »Wiener Allianz« ab. So viel hätte die Bank kassiert, wenn es mich im March aufgestellt hätte. Die Zinsen für den Kredit hat Raiffeisen mir erlassen. Dafür trug ich brav das gelb-schwarze Giebelkreuz auf dem Helm und an beiden Oberarmen meines Rennanzugs. Oertel wollte mit mir als Formel 1-Newcomer das Image der »Bauernbank« aufpolieren ...

Ich trug die 2,5 Millionen also zu March; meine erste Formel 1-Saison schien gesichert. Aber 1972 wurde ein Alptraumjahr. March ließ mich in der Formel 1 nur testen. Rennen durfte ich ausschließlich in der Formel 2 fahren. Dazu kam, dass mein Auto, der March 721 X, eine gigantische Fehlkonstruktion war – in meiner Bilanz gab es einen Ausfall nach dem anderen. Obwohl ich buchstäblich um mein Leben fuhr, waren meine sportlichen Ergebnisse miserabel. Da ging March auch noch in Konkurs und ich stand über Nacht ohne Auto und Vertrag fürs nächste Jahr da.

Ich hatte Schulden von zwei Millionen Schilling – 500.000 Schilling hatte ich aus meinem Verdienst bei Tourenwagen-Rennen abgestottert. Das war in den Siebziger Jahren sehr viel Geld. Wie sollte ich diese gigantische Summe je zurückzahlen, wenn meine Pläne nicht aufgingen? Ich rechnete aus, wie lange die Abzahlung mit einem normalen Job dauern würde und kam auf vierzig oder fünfzig Jahre. Ein ziemlich unerfreuliches Szenario. Denn eines war mir schon immer klar: Hast du erst einmal den Kredit, so ist das Problem ja nicht gelöst. Denn du musst ihn auch zurückzahlen.

Ich hatte mit meinem Draufgängertum einen absoluten Tiefpunkt erreicht. Es war klar, dass 1973 bargeldlos funktionieren musste. Nicht einmal der klasse Herr Oertel hätte meinen Kredit noch einmal aufgestockt.

Da fiel mir ein, dass Louis Stanley, Chef von British-Racing-Motors, mich beim amerikanischen Grand Prix in Watkins Glen um meine Adresse gefragt hatte. Der Adelige galt damals als Peter Ustinov der Formel 1, trug immer zweireihige Anzüge mit goldenen Knöpfen, dazu Stecktuch und Krawatte. Ich schrieb einen Brief auf handgeschöpftem Büttenpapier, mit vielen englischen Floskeln, in dem ich Sir Louis meine Adresse bekanntgab. Die Luftpost ging von Wien in die Dachsuite des altehrwürdigen Londoner Dorchester-Hotels am Hyde Park Corner, express natürlich. Absender: Nikolaus Lauda.

Der Brief verfehlte seine Wirkung nicht: Stanley lud mich zu sich nach London ein, ich erinnere mich noch, dass in seiner Dachsuite riesige Zebra- und Leopardenfelle an den Wänden hingen. Nach ein paar Begrüßungsfloskeln kam Sir Louis schnell auf den Punkt: Haben Sie eigentlich einen Sponsor, Herr Lauda?

Ich hatte nur Schulden, mehr nicht. Und Oertel von Raiffeisen im Hintergrund. Also spielte ich Stanley, um noch in den BRM-Stall reinzurutschen, vor, mein Sponsor würde auch 1973 zahlen – obwohl ich wusste, dass bei Raiffeisen nichts mehr ging.

Stanley meinte, er werde demnächst nach Wien kommen und einen Vertragsentwurf mitbringen. »Bringen Sie Ihren Sponsor zur Vertragsunterzeichnung mit, Herr Lauda«, sagte er beim Abschied.

Als der Termin feststand, bestellte ich den Herrn Oertel ins Flughafenrestaurant Schwechat. »Ich will Sie gleich mit einem echten englischen Lord und Rennstallbesitzer bekanntmachen«, sagte ich so unbefangen ich konnte. Oertel war sich nicht sicher, was das alles sollte, spielte aber mit. Als Stanley kam, musste er glauben, dass Oertel mein Sponsor sei. Ich hatte wieder einmal gepokert.

Wir einigten uns auf ein Eintrittsgeld von zwei Millionen Schilling in drei Raten, zahlbar mit den Start- und Preisgeldern. Prinzip: Heute fahren, morgen zahlen.

Ich setzte mich ins BRM-Cockpit und war auf Anhieb schnell. Sehr schnell. Ich wurde Fünfter am Curcuit Zolder und in Monaco sogar Schnellster im Training und Dritter im Rennen, bis ich mit Getriebeschaden ausfiel.

Es war der 3. Juni 1973, als ich in Monte Carlo an dritter Position startete. Vor mir nur Jackie Stewart und Emerson Fittipaldi. 25 Runden lang hielt ich Jackie in seinem Ferrari auf Distanz. Dann platzte das Getriebe und ich fiel aus – mein Traum vom ersten Platz war dahin. An dem Abend machte Stanley mich zum bezahlten Fahrer gegen eine Unterschrift für weitere zwei Jahre. Ich hatte keine Wahl und unterschrieb. Eine Million Schilling für die laufende Saison! Damit wäre mein Schuldenberg schon um die Hälfte geschrumpft.

Ich hatte damals mit meinem Cousin Jenzey, der mir sein Büro in Salzburg als Stützpunkt zur Verfügung gestellt hatte, einen »Running Gag« laufen. Ich sagte: »Stört mich nur, wenn Ferrari anruft!« Als ich vom Grand Prix aus Monaco zurückkehrte, sagte mein Cousin: »Ferrari hat angerufen!« Es war kein Witz.

Im italienischen Fiorano war ein Mann auf mich aufmerksam geworden, dessen rote Renner 1964 ihren letzten Titel gewonnen hatten. Enzo Anselmo Ferrari. Il Commendatore. Er hatte an jenem 3. Juni 1973 den Grand Prix vor dem Fernsehschirm verfolgt – Ferrari ging niemals zu Rennen. Aber er verfolgte sie im TV, las alle Berichte und ließ sich von seinen Angestellten bis ins kleinste Detail über den Rennverlauf informieren. »Wie heißt der Kerl, der sich so unverschämt schnell von Jacky Ickx absetzte, bevor sein Getriebe brach?«, fragte er seinen Teamchef Luca di Montezemolo. »Um den sollten wir uns kümmern.«

Eines Tages saß ich ihm in seinem abgedunkelten Büro gegenüber und verhandelte. Meine erste Jahresgage bei Ferrari betrug immerhin 500.000 Schilling. Ich wollte dem Commendatore auch noch einen privaten Ferrari abluchsen, aber er gab mir nur einen Fiat.

Durch den alten Herrn, der damals gerade sein Team neu organisierte, sollte ich bald ein Vielfaches von dem verdienen, was ich Raiffeisen schuldete.

Meinen Kredit hatte ich übrigens in meinem zweiten Ferrari-Jahr bereits abbezahlt. Es blieb mein erster und einziger Kredit. Danach habe ich – außer für den Kauf von Flugzeugen – nie mehr Geld aufgenommen, bis heute nicht.

Warum? Erstens bestand keine Notwendigkeit und zweitens bedeuten Kredite immer Abhängigkeit. Wenn ich über einen Teil meines Einkommens nicht mehr frei verfügen kann, dann bin ich auch nicht mehr frei in meinen Entscheidungen.

Im Fall meines ersten und einzigen Kredites war es so: Um in die Formel 1 zu kommen, brauchte ich das Geld sofort. 2,5 Millionen Schilling im Rennsport zu verdienen wäre am Anfang unmöglich gewesen. Ganz oben stand mein übergeordnetes Ziel, aus eigener Kraft, auch gegen den Willen und die Machtspiele meines Großvaters, Rennfahrer zu werden. Der Kredit ebnete mir den Weg dorthin. Dafür ging ich ein Risiko ein, das irrsinnig hoch, aber notwendig war.

Auf der anderen Seite bestand die realistische Chance, mit diesem Startkapital auch richtig Geld zu machen. Meine Einschätzung des Risikos war dabei trotzdem neutral-pessimistisch. Neutral, weil ich mich von der Schuldenfalle nicht verrückt machen ließ, pessimistisch, weil mir sehr wohl bewusst war, dass es mich auch Jahrzehnte lang beschäftigen oder schiefgehen hätte können.

Ich weiß natürlich, dass die meisten Leute irgendwann im Laufe ihres Lebens einen Kredit brauchen, um Investitionen zu finanzieren. Von Konsumkrediten rede ich nicht, denn wer Geld aufnimmt, um einen Fernseher zu kaufen oder auf die Bahamas zu fliegen, dem ist sowieso nicht zu helfen. Das geht sich nie im Leben aus.

Genauso wie Fremdwährungskredite. Das Risiko des Wechselkurses ist viel zu hoch, vollkommen unberechenbar. Die niedrigen Zinsen verleiten dazu. Dieses Risiko kann ich nur ausschalten, wenn ich Einkommen in der Fremdwährung habe. Sonst lässt jeder logisch denkende Mensch die Finger davon.

Was ich heute ganz okay finde sind Leasing-Verträge für Autos, vor allem wenn man die Kosten steuerlich absetzen kann. Die Monatsraten sind festgelegt, und es gibt am Schluss keine bösen Überraschungen. Man kann besser kalkulieren und das Auto am Ende zurückgeben und ein neues nehmen, ohne sich je mit Reparaturen auseinandersetzen zu müssen.

Wann sind Kredite sinnvoll?

Ganz einfach: Wenn die Zinsen niedrig sind, wenn ein cleveres Geschäftsmodell dahintersteht, wenn der Kredit dich beweglicher macht, statt dich einzuschränken, und wenn es Sicherheiten für den Worst Case gibt.

Bei mir trafen, ehrlich gesagt, nur zwei Punkte zu. Die Zinsen wurden mir erlassen und der Kredit hat mir ermöglicht, Rennen zu fahren. Er hat mich also im wahrsten Sinn des Wortes beweglicher gemacht. Ich hatte aber weder ein Geschäftsmodell noch Sicherheiten für den Worst Case ...

P.S.: Mein Großvater, der mich beinahe zwei Millionen Schilling und mein Ticket in die Weltklasse gekostet hätte, ist 1974 gestorben. Ein Jahr, bevor ich in der Formel 1, im Alter von 25 Jahren, sehr gutes Geld verdiente.

GELD IM ALLTAG

»Wenn ich Geld brauche, gehe ich auf die Bank. Ich weiß nicht einmal, wie so ein Bankomat funktioniert.«

Das Finanz-Desaster in Griechenland hat gezeigt, wie wichtig Bargeld ist. Wenn Banken zusperren, wenn Bankomaten nichts mehr ausspucken, dann steht die ganze Wirtschaft still. Trotzdem machen sich manche internationale Lobbys für die Abschaffung des Bargeldes stark – angeblich, um Korruption und Drogenhandel zu bekämpfen. Dass »Big Brother« meine Kontobewegungen überwacht, dafür habe ich null Verständnis. Für mich sind Geldscheine – und auch Münzen, die ich eigentlich nicht so mag – keineswegs ein Anachronismus, wie der deutsche Wirtschafts-Weise Peter Bofinger erklärt hat.

Bargeld ist mein liebstes Zahlungsmittel. Ich besitze auch zwei Kreditkarten, eine ganz normale Visa und eine American Express, ich glaube, es ist eine goldene. Keine Ahnung wieso, ich habe mich nie darum bemüht. Aber ich verwende Kreditkarten selten. Dafür habe ich Bargeld viel zu gern. Ich mag das Geld gern in der Hand haben, das Gefühl dafür nicht verlieren. Old School.

Meistens trage ich so 300 bis 400 Euro bei mir, 500 maximal. Sind es mehrere Scheine, dann halte ich sie mit einer Geldspange zusammen. Ich hatte nie eine Geldbörse. Münzen meide ich im täglichen Leben. Nicht dass ich Kleingeld nicht schätzen würde, aber in der Tasche ist es zu schwer, und ich mag das Scheppern nicht. Zuhause in Grinzing haben wir bei der Garderobe eine Schüssel, in die ich täglich alle Münzen entleere. Daraus nimmt Birgit Kleingeld für Fahrscheine.

Es gibt da so ein Spiel, das mein Sohn Max sehr liebt: Münzen zählen mit Papi! Als er vier war, kam er bis 37. Das Zählen ist auch eine super Methode, Rechnen zu lernen. 37 mal 10 Cent macht 3,70 Euro, 37 mal fünfzig Cent macht 18,50 Euro. Das hat Max schon kapiert.

Gerne spielen Max und Mia auch »Olizei«. Sie fahren auf ihren Plastik-Rollern wild durchs Haus, und ich muss sagen: »Halt! Sie sind zu schnell gefahren. Das kostet dreißig Euro.« Dann zählen sie gemeinsam bis dreißig, aber auf Englisch.

Ich mag Bargeld, bin aber kein Bargeld-Wechsler. Wenn ich zum Beispiel nach Kanada zum Grand Prix fliege, verwende ich meine Kreditkarten. Das Hotel und auch den Pullover, den ich mir dort vielleicht kaufe, bezahle ich lieber bargeldlos, bevor ich mir kanadische Dollar besorge. Das spart Zeit und unnötige Beschäftigung mit Wechselkursen. Zurück in Europa habe ich wieder meine Euro-Scheine bei mir.

Wenn ich neues Geld brauche, gehe ich auf die Bank. Das ist für mich der einfachste Weg, obwohl ich mich an Öffnungszeiten halten muss. Ich frage dann den Schalterbeamten bei meiner Bank Austria in der Grinzinger Straße gleich: »Wie viel ist drauf?« und weiß meinen aktuellen Kontostand. Ich führe quasi eine Minusrechnung durch. Summe X minus Summe Y ergibt Summe Z. Mit dem neuen Geld habe ich dann wieder vier Wochen Ruh'.

Birgit sagt oft zu mir: »Du, Niki, da gibt es so Geldautomaten, die heißen Bankomaten, da kannst du rund um die Uhr Geld abheben.« Aber mir ist das zu blöd. Ich weiß nicht einmal, wie so ein Bankomat funktioniert.

Es gibt Dinge, an die habe ich mich einfach nie gewöhnt. Der Bankomat ist so eine Einrichtung, oder die sozialen Netzwerke. Auch die öffentlichen Verkehrsmittel zählen dazu. Einmal bat Birgit mich, mit dem Autobus zu fahren, weil die Zwillinge das so gerne machen. »Klar«, habe ich gesagt, »mache ich! Wie bezahlt man da?« Am Ende habe ich es bleiben lassen.

In den Neunziger Jahren habe ich einmal in einem Interview auf die Frage, mit wie viel Geld pro Tag ich auskomme, geantwortet: zehn Schilling. Mir kam das ganz normal vor, aber die meisten Leute, die es gelesen haben, hielten es für unmöglich. Mit den zehn Schilling habe ich mir damals wahrscheinlich irgendwo ein Frühstück gekauft. Essen war ich meistens bei Do & Co im Haas Haus, wo ich nichts bezahlen muss. Nach mehr als dreißig Jahren Geschäftsbeziehung mit meinem Wegbegleiter Attila Dogudan finde ich das nicht außergewöhnlich. Es ist einfach eine Absprache zwischen uns beiden.

Inzwischen hat sich mein Lebensstil etwas verändert. Mein Frühstück nehme ich nicht mehr irgendwo, sondern etwa drei

Mal in der Woche im Wiener Ringstraßen-Café Imperial zu mir. Darum beneidet mich Birgit. »Ich würde auch gerne im Imperial frühstücken«, sagt sie manchmal. Aber sie gönnt mir das auch von Herzen. Sie kümmert sich in der Früh um die Zwillinge, hört sich das Gezanke an, wer von beiden die größere Müslischüssel hat, und bringt sie in den Kindergarten. Dafür hole ich Max und Mia dann ab und gehe mit ihnen zum Pfarrwirt, Wiener Schnitzel essen. Da überlege ich dann nicht, ob das jetzt vierzig oder achtzig Euro kostet. Unser Lieblingslokal ist noch immer das Do & Co im Haas Haus, aber nicht, weil es mich nichts kostet, sondern weil das Essen dort einfach immer erstklassig ist. Ich nehme meistens Gebackenes Ei mit Creme-Spinat und knusprigen Kartoffeln. Ich mochte schon als kleines Kind gerne Spinat, wegen Popeye, dem Seemann. Manchmal gehen wir auch ins »Mochi« in der Praterstraße oder ins »Park Hyatt«. Und wenn die Zwillinge dabei sind, dann ist uns das »Steirerstöckl« in Pötzleinsdorf mit dem Kinderspielplatz am liebsten.

Was Mode betrifft, bin ich leidenschaftslos, es interessiert mich überhaupt nicht, wie ich ausschaue. Ich habe seit Jahrzehnten eine Art Uniform: Tweedsakko, Hemd, Pullover, Jeans, rotes Kapperl, Schuhe von Timberland. Im Winter trage ich dazu noch meine rote Polarforscher-Jacke, die Birgit überhaupt nicht gefällt. Sie meint, ich sähe darin aus wie ein Michelin-Männchen. Irgendwann wollte sie die rote Ausgabe still und heimlich durch einen schwarzen Moncler-Anorak ersetzen. Aber das habe ich nicht zugelassen. Den Moncler trage ich ihr zuliebe auch manchmal, aber wenn mir wirklich kalt ist, dann nehme ich noch immer meinen Polarforscher.

Das Sakko ist vom Wiener Maßschneider Netousek, davon besitze ich zwei Stück. Die Hemden, Pullover und Jeans sind von irgendwem, mir ganz wurscht. Ralph Lauren manchmal, weil mir die Marke gut passt.

Diese Sachen nehme ich in der Früh, ziehe sie an und spare so gleich einmal Zeit. Die Eitelkeit, die manche Menschen dazu treibt, sich dreimal anzuschauen, was sie heute tragen könnten, würde mich jeden Morgen mindestens zwanzig Minuten kosten. Ich weiß, was ich mag, und was mir passt, und dabei bleibe ich. Mein Kleidungsstil ist mit den Jahren auch eine Marke geworden.

Formel 1-Weltmeister Lewis Hamilton, Aushängeschild für Mercedes und den gesamtem Rennsport, ist ja so ein Mode-Freak. Er reist immer mit 16 Koffern, einer eigenen Stylistin, seinen Hunden und einer Hundesitterin an. Wobei das mit den Hunden habe ich ihm mittlerweile ausgetrieben. In Spielberg habe ich ihn einmal gefragt: »Lewis, siehst du an mir irgendetwas, das man verbessern müsste?« Er wusste in dem Moment nicht, ob er lachen oder weinen sollte. Dann hat er mir erklärt: »Den braunen Pullover solltest du sofort wegschmeißen! Das ist die Unfarbe schlechthin für einen Mann. Und du brauchst andere Hosen! Nicht immer die gleichen und außerdem sitzen sie einfach nicht.« Ich habe mir das gerne angehört und auch darüber nachgedacht. Aber dann kam ich zu folgendem Schluss: Warum sollte ich etwas ändern, wenn für mich alles passt?

»Danke für die Inputs«, habe ich zu Lewis gesagt, »aber auch wenn mir meine Blue Jeans bis zu den Knien hinunterhängen, ich fühle mich halt so wohl in denen.« Mich da hinaus zu kriegen, wird nicht funktionieren. Aber vielleicht borg' ich mir irgendwann noch einmal seine Mode-Expertin aus.

Auch mein Sohn Mathias, der das neue Testimonial einer Werbekampagne des italienischen Schuhherstellers Ferragamo ist und jetzt diese Mokkasins trägt, konnte sich bei der Pressekonferenz einen kleinen Seitenhieb auf meine Art, mich zu kleiden, nicht verkneifen: »Mode ist nicht die Stärke meines Vaters«, sagte er der *Gazzetta dello Sport*, »er trägt morgens, nachmittags und abends immer dieselben Sachen.«

So eine klare Linie spart natürlich auch sehr viel Geld. Da ich Einkaufen sowieso hasse, gehe ich eigentlich nur Birgit zuliebe shoppen. Ich betrete mit ihr das Geschäft, dann sehe ich schon, wie lange es dauern wird, und gehe erst einmal einen Kaffee trinken.

Am liebsten ist es mir, wenn sie schon eine Vorauswahl für mich getroffen hat. Dann frage ich nur noch: Wo steuern wir hin? Zack, zack, zack. Schnell aussuchen, zahlen und gleich wieder weg. Wenn dann Pullover im Sonderangebot sind, dann kaufe ich natürlich mehr von denen. Mein kundiger Schwager Albi sagt: »Geh doch zum Knize!« Meine Mutter hat mir, solange sie gelebt hat, zu Weihnachten immer einen 3000-Schilling-Gutschein für den Edel-Herrenausstatter am Wiener Graben geschenkt. Aber der hat immer nur für einen einzigen Pullover gereicht. Zu teuer für mich.

Wenn Birgit sich ein Kleid kauft, zuletzt für die Oscar-Verleihung, dann führt sie mir zwei Varianten zuhause vor und ich habe rein theoretisch ein Mitspracherecht. Wenn ich dann aber sage, das hier gefällt mir besser, dann wählt sie ziemlich sicher das andere Kleid aus. Ich glaube, Frauen verstehen unsere Sprache nicht. Wenn der Mann sagt: »Das gefällt mir besser«, dann versteht die Frau: »Du kannst ja trotzdem das andere nehmen.«

Was ich überhaupt nicht leiden kann, sind Kleidervorschriften. Mercedes hat in Spielberg zu einem Abendessen eingeladen. Auf der Einladung stand: *Dresscode* Dirndl und Lederhose. Wenn ich das Wort »*Dresscode*« lese, dann gehe ich sofort in Protest. Außerdem ist ein Formel 1-Wochenende doch kein Oktoberfest!

Birgit hat natürlich ihr Dirndl eingepackt, und die Vorstände, die aus Stuttgart kamen, hatten alle ihre Lederhosen mit – die gehen ja auch aufs Münchner Oktoberfest. Birgit sagte: »Du wirst auch eine Lederhose brauchen.«

Ich habe natürlich gesagt: »Nein.«

Als ich meine paar Unterhosen und die Jeans eingepackt hatte, fand ich noch so einen alten Jopper, den ich noch nie angezogen hatte, weil ich Tracht an mir lächerlich finde. Den nahm ich Birgit zuliebe mit. Ich habe ja keine anderen Sorgen, dachte ich, und zog ihn zum Abendessen sogar an.

Wofür gebe ich mit gutem Gewissen Geld aus? Für mein Auto zum Beispiel. Ich habe meinen Mercedes, egal welchen ich gerade fahre, irrsinnig gerne. Immer, wenn er dreckig ist, fahre ich sofort in die Waschanlage. Ich hasse schmutzige Autos. Spritzer auf dem Lack sowieso, aber auch Fingerabdrücke an den Scheiben oder ein verschmiertes Cockpit. Wenn Max mit mir im Auto fährt und seine Hand gegen die Scheibe patscht, sage ich ihm: »Sofort putzen!« Dann lacht er und wischt sie sauber. Meine Schwiegermutter schenkt mir zu Weihnachten immer Gutscheine für Autowäschen. Diese Gutscheine für die Waschanlage in der Krottenbachstraße sind mit Abstand das vernünftigste Geschenk. Damit brauche ich für eine meiner Lieblingsbeschäftigungen nicht einmal Bargeld.

Das trage ich ohnehin lieber herum. Mir kann es passieren, dass ich einen Hustensaft für meine Kinder in der Apotheke besorgen muss, und der 500-Euro-Schein in meiner Hosentasche ist schon ganz zerwuzelt, so lange habe ich ihn nicht eingelöst. Weil ich Geld tendenziell lieber behalte, als es auszugeben.

MILLIONÄR MIT 25

»Ich habe in der Formel 1 insgesamt 12 Millionen Euro verdient. Der Michael Schumacher hat in einem Jahr 40 Millionen verdient. Na logisch wäre ich gern später auf die Welt gekommen.«

Nie werde ich meinen ersten Rapport bei Enzo Ferrari vergessen. Es war im Spätherbst 1973, als ich auf der hauseigenen Strecke in Maranello erstmals in einem der roten Flitzer saß, die damals keiner ernst nahm – die letzte Weltmeisterschaft hatte Ferrari 1964 gewonnen. Dass ich noch immer einen gültigen Vertrag mit BRM gehabt hatte, war mir egal, denn Stanley schuldete mir noch einen Teil der Gage. Also hatte ich mich im Recht gefühlt, einfach die Fronten zu wechseln und nach Italien zu gehen. Sir Stanley war natürlich sauer und jedes Mal, wenn wir einander an der Rennstrecke begegneten, sah er demonstrativ weg. Ich blieb cool und zeigte null Emotion.

Mein Job bei Ferrari war: Testen, testen und testen! Beim Anblick der automatischen Zeitnehmung, der TV-Überwachung und Computer, der beeindruckenden Anzahl an Monteuren, Ingenieuren und sonstigem Personal kam mir Ferrari vor wie die NASA im Vergleich zu einem Verein zur Förderung des

Drachensteigens. Beste Infrastruktur, aber das Material konnte man vergessen ...

Nach meiner ersten Testfahrt ging ich zum damals 75-jährigen Commendatore. Als Übersetzer – ich konnte kein Wort Italienisch – fungierte Ferraris unehelicher Sohn Piero Lardi.

Ferrari, der alle Fahrer duzte: »Was hältst du vom Auto?«

Ich: »Ein Schmarren!«.

Lardi: »Das kann man nicht übersetzen!«

Ich: »Das Auto ist ein Witz. Untersteuert und unfahrbar.«

Lardi: »Das kann man nicht übersetzen!«

Was mir erst später klar wurde: Bei Ferrari gab es ein ungeschriebenes Gesetz: Das Auto war immer super, mögliche Misserfolge lagen ausschliesslich beim Fahrer.

Das leuchtete mir aber einfach nicht ein. Ich lernte später noch viele berühmte Rennfahrer kennen, die eher versuchten, ein schlechtes Auto zu bändigen, anstatt den Ingenieuren zu erklären, warum das Auto schlecht ist und wie man es vielleicht besser machen könnte.

Ferrari zog schließlich seinen Techniker Mauro Forghieri zu Rate. »Wie lange brauchst du für die Änderungen, die Lauda sich vorstellt?«

Forghieri: »Eine Woche.«

Ferrari zu mir: »Wenn du in einer Woche nicht um eine Sekunde schneller bist, fliegst du raus.«

Ich ließ Forghieri in den nächsten sieben Tagen nicht mehr aus den Augen, und seine neue Vorderachse rettete tatsächlich meine Haut. In meinem ersten Rennen für Ferrari in Buenos

Aires wurde ich Zweiter – Sieger Denis Clive Hulme war im McLaren Ford nur neun Sekunden schneller als ich gewesen. Weitere 10 Sekunden hinter mir lag mein Teamkollege Clay Regazzoni.

Forghieri war es übrigens auch, der auf die Idee kam, einen Sponsor für meine rote Kappe vorzuschlagen. »Pass auf«, sagte er eines Tages, »da gibt es eine Salami-Firma, die jetzt in die Milchproduktion einsteigen will, die wären an Werbung interessiert.« Parmalat entdeckte damals den Tetra Pak statt der guten alten Milchflasche und musste die Erfindung vermarkten. Also fuhr ich zum italienischen Konzern und bot Calisto Tanzi an, den Parmalat-Schriftzug auf meinem Kapperl anzubringen. Ich habe das gleich selber akquiriert.

Anfangs ging es da gar nicht ums Geld. Sie waren einfach die Ersten. Ein Vierteljahrhundert lang – von 1977 bis 2002 – stand »Parmalat« auf meinem Kapperl. Dann übernahm der Tanzi-Sohn, der ein ganz neues Marketingkonzept verfolgte, die Firma und fragte seinen Vater: »Du, was brauchen wir eigentlich die Kappe vom Lauda?« Die eh fast nichts gekostet hat. Für mich war's ein Glück, denn ein Jahr später schlitterte das Unternehmen in einen Finanzskandal, aber da war ich nicht mehr an Bord. In der Folge verdiente ich mit meinen Kapperl-Sponsoren das Zwanzigfache.

28. April 1974. Beim großen Preis von Spanien in Jarama, nicht unweit von Madrid, regnete es in Strömen. Ich saß auf einem Stapel Reifen in der Ferrari-Box und starrte in den wolkenverhangenen Himmel. Später beobachtete ich, wie die

Mechaniker Superbenzin in den Tank meines Wagens fließen ließen. Weil im Regen das Kunststoffvisier des Helms anlaufen könnte, bat ich Luca di Montezemolo noch um ein beheizbares Visier, das ich auf meinen roten Helm montierte. In diesen letzten Sekunden vor dem Rennen sitzt du festgeschnallt in der Schale des Sitzes, fühlst nur noch Kraft und Anspannung, ein erschreckendes Maß an Aggression und allerhöchste Konzentration.

Ich hatte meine beste Trainingszeit und die Pole-Position, ich war eins mit der Maschine, wir starteten los.

Die Rennstrecke trocknete nur langsam, ich ahnte, dass meine Regenreifen nicht lange durchhalten würden. Plötzlich flogen mir Gummifetzen um die Ohren, die kleinen schwarzen Teilchen schlugen wie Kieselsteine gegen meinen Helm. Instinktiv lenkte ich den Wagen auf jene Flecken der Rennstrecke, auf denen noch Wasserpfützen standen. So kühlte ich meine Reifen ab. Mein Boxenstopp dauerte deshalb nur 49 Sekunden und ich konnte erneut losjagen.

Schließlich fuhr ich als Erster in einem Großen Preis über die Ziellinie, hinter mir Clay Regazzoni, es war also ein Doppelsieg für Ferrari, ein wahrer Triumph. In jener Nacht spielten sie in der Disco mir zu Ehren den Donauwalzer. In jenem Moment kam ich mir vor wie einer, der immer am Bahnhof gestanden war und zusehen hatte müssen, wie sein Zug durchfährt. Und nun war er endlich stehengeblieben.

Der Große Preis von Spanien war mein erster Sieg in der Formel 1. Ein Jahr später, 1975, holte ich für Ferrari schließlich den ersten WM-Titel seit mehr als zehn Jahren. Ich war *Campione del Mondo*. Das Geheimnis meines Erfolges brachte ich einmal mit diesem Satz auf den Punkt: Du musst zur richtigen Zeit im richtigen Cockpit sitzen.

Als regierender Formel 1-Weltmeister veränderte sich mein Leben schlagartig. Ich fuhr den Ferrari mit der Startnummer 1, die Fans verfolgten mich bis ins Hotelzimmer, ich wurde überall hofiert und mein Marktwert stieg plötzlich um 30 Prozent an. In Italien bist du entweder ein Gott oder ein Arschloch. Den einen Tag im Himmel, weil du gewonnen hast, den andern Tag in der Hölle, weil du einen Reifenplatzer hattest.

Ich war im Himmel und verdiente das erste Mal in meinem Leben richtig viel Geld. Meine Direktgage von Ferrari betrug anfangs zwei Millionen Schilling im Jahr und stieg dann auf vier Millionen Schilling. Mit Ferrari-Sponsor Agip hatte ich einen Vertrag, für den ich 150.000 Schilling kassierte. Marlboro zahlte mir 350.000 Schilling – es störte keinen, dass ich Nichtraucher war. Jeder Sieg in der Formel 1 brachte mir 130.000 Schilling, jeder zweite Platz 80.000 Schilling. Für eine Autogrammstunde bekam ich 25.000 Schilling. Ich wurde auch noch Testimonial von Heuer, Champion, Goodyear, Levis, Bosch. Mein Gesicht und Autogramm wurde auf Mäser-T-Shirts gedruckt. Ich ließ mich von Römerquelle verpflichten und sprach sogar Werbespots im Radio.

Sprecher: »Niki Lauda, wen fürchten Sie beim Rennen in Südafrika am meisten? Hunt, Scheckter oder Fittipaldi?« Lauda: »Keinen der drei. Nur die vom Zoll, die wollen mir meine

Römerquelle immer wegnehmen, weil sie glauben, das ist ein Zaubertrankl.«

Weiters trug ich nach wie vor brav das Raiffeisen-Giebelkreuz in der Gegend herum. Dankbarkeit klingt so pathetisch, aber ich vergaß Raiffeisen mehr als zwanzig Jahre lang nicht, dass sie mir den ersten Kredit gegeben, in die Aktie Lauda investiert hatten, als mein Erfolg noch wahrlich in den Sternen stand.

Verglichen mit anderen Sportlern waren die Summen trotzdem eher bescheiden. Franz Beckenbauer verdiente in seiner besten Zeit sieben Millionen Mark, also 49 Millionen Schilling, und der Golfer Jack Nicklaus 5ünfzig Millionen Mark, also 350 Millionen Schilling.

Bei mir kam noch die Gefahr meines Berufs dazu, der in seiner Brutalität weder mit dem eines Fußballers noch dem des Golfspielers vergleichbar ist. Allein meine Unfallversicherung kostete mich 70.000 Schilling pro Jahr. Als Formel 1-Pilot war ich eingestuft wie Raubtierbändiger, Hochseilartisten und das Sprengpersonal von Fliegerbomben aus dem Zweiten Weltkrieg.

Insgesamt habe ich in der Formel 1 umgerechnet zwölf Millionen Euro verdient. Michael Schumacher hat in einem Jahr 40 Millionen verdient. Na logisch wäre ich gerne später auf die Welt gekommen. Ich hätte dann viel höhere Sicherheitsstandards gehabt, mir vielleicht nicht das Ohr verbrannt und mindestens zehn Mal so viel verdient ...

Zu meiner Zeit war die Formel 1 ja noch überschattet von Katastrophen. In einem halben Jahrzehnt wurde ein halbes

Grand Prix-Feld ausgelöscht. Der Tod war immer eine Option. Wir mussten damals Charisma und Persönlichkeit entwickeln, um in dem brutalen Geschäft zu überleben. Wir mussten Einzelgänger sein, um zu gewinnen, Egomanen bis zum Anschlag.

Von diesem Irrsinn haben die heutigen, viel jüngeren Piloten keine Ahnung mehr. In den letzten zwanzig Jahren war kein Fahrer mehr auch nur im Spital. Nicht einmal mit einem gebrochenen Finger. Die Formel 1 ist moderner und sicherer geworden. Die Piloten von heute schauen nicht mehr dem Tod ins Auge.

Im Sommer 1975 war ich zu einer Party beim Schauspieler Curd Jürgens in Anif eingeladen. Karajan war auch dort, ich unterhielt mich mit ihm über Autos. Eine junge Frau mit kastanienbraunem, hochgestecktem Haar in einem weißen Kleid fiel mir sofort auf. Sie duzte mich: »Was willst du trinken? Whisky, Gin, Cognac?« Ihre Stimme klang heiser, mit einem leicht spanischen Akzent. Ich sagte »Wasser« und sie brachte mir das Glas.

Ich erfuhr, dass Marlene in Venezuela geboren worden und die Freundin von Curd Jürgens war. Am nächsten Tag rief ich in seinem Haus an, er war zum Glück verreist. Marlene hob ab. Ich fragte sie, ob sie mit mir ausgehen würde. Sie sagte sofort »Ja«, und dann ging alles ganz schnell. Wir fuhren auf den Gaisberg zu einem uralten Gasthaus, in dem fünf Bauern Karten spielten. Sie kannten weder die Freundin von Curd Jürgens noch den Rennfahrer Niki Lauda. Dort tranken wir Slibowitz.

Im Frühjahr 1976 heirateten wir auf dem Standesamt in Wiener Neustadt, wo sie so nett waren, uns einen Termin nach Dienstschluss zu geben. Ich war damals ja schon ein öffentliches Tier und musste achtgeben, dass alles geheim blieb. Ich weiß noch, dass der Standesbeamte sich aufregte, weil ich keine Krawatte trug. Mein Trauzeuge Dr. Oertel von der Raiffeisenbank borgte mir seine und alles war wunderbar.

Marlene strahlte eine unheimliche Kraft und Sicherheit aus und hat mich in der Folge stets meinen Weg gehen lassen. Ohne diese sichere Basis hätte ich den Irrsinn der Formel 1 nicht durchstehen können und wäre bestimmt nicht noch weitere zwei Male Weltmeister geworden.

MEIN GEIZHALS-IMAGE

»Dass mich die ganze Welt für den größten Sparmeister hält, stört mich null.«

»Wenn der Niki sein Geldbörsel öffnet, dann fliegen die Motten raus.« Über diese Bemerkung von Teddy Podgorski musste ich selber lachen. Es war Ende 1979, er war damals ORF-Sportchef und wollte das erste Fernseh-Interview nach meinem Rücktritt vom Rennsport in einer Gondel in Venedig machen. Wegen der außergewöhnlichen Kulisse. »Wo gibt's in Venedig eine Seilbahn?«, fragte ich Teddy – kleiner Scherz! Ich flog ihn gleich selber mit einer Fokker hin. Neben meinen Motiven, die Formel 1-Karriere zu beenden, ging es in dem Gespräch auf dem Canale Grande natürlich wieder einmal um meine Sparsamkeit. Und als ich nicht gleich in meine Hosentasche griff, als wir anschließend noch auf einen Bellini gingen, klopfte er eben den Mottenspruch.

Die Medien lieben mein Geizhals-Image, sie hegen und pflegen es. Kaum ein Interview, in dem der Journalist oder die Journalistin nicht erwähnt, dass er oder sie die Rechnung bezahlt hat. Paul Sahner, der legendäre Society-King der *Bunte*, der mit 70 gestorben ist, hat den Spieß einmal spaßhalber umgedreht und geschrieben, Niki Lauda hätte die Rechnung bezahlt, er sei überhaupt der großzügigste Mensch, den man sich vorstellen könne.

Aber das hat die Leser total verstört. Einige regten sich auf, dass das eine Falschmeldung sei und sie sich verarscht vorkämen. Bei der nächsten Geschichte erwähnte Sahner wieder, dass ich mich von der *Bunten* einladen habe lassen. Da war die Welt wieder in Ordnung.

Ich erkläre mir das so: Prominente, die das Geld zum Fenster hinausschmeißen und irgendwann pleite gehen, gibt es schließlich genug. Aber einen, der sein Geld zusammenhält, das ist die viel bessere Geschichte. Dieser Geschichte fügten erfinderische Journalisten immer neue Anekdoten hinzu.

Ein angebliches Treffen von Krankl, Klammer, Lauda und Grissmann im Kitzbühler »Stamperl« nach dem Hahnenkamm-Wochenende zum Beispiel. Jeder erzählt, wie viel Geld er in der Woche – bei freier Kost und Logis – ausgegeben hat. Krankl führt mit 3.000 Schilling, gefolgt von Grissmann mit dreißig und Klammer mit zwanzig Schilling. Ich, mit drei Schilling, bin das Schlusslicht. Wofür, fragen die drei anderen, gibt man bitte schön drei Schilling in einer Woche aus? Ich soll gesagt haben: »Für die Sonntags-*Kronen Zeitung*.« Die kostete damals fünf Schilling, aber als ich dem Kolporteur die Schillinge langsam aus der Hand gezählt hätte – eins, zwei, drei – habe mich der Pakistani erkannt und gerufen: »Danke, Herr Lauda, passt schon!«

Auch alle möglichen Witze über meinen Geiz kursieren. Was schenkt Niki Lauda zu Weihnachten? Dem Hund eine Knackwurst, der Frau einen Kuss.

Begonnen hat das Ganze in meiner Rennfahrerzeit. Je bekannter ich wurde, desto mehr Verpflichtungen zu diversen Abendessen gab es. Das nervte mich. Ich war der Meinung, dass ich dort die Leistung erbringe. Also war es das Mindeste, dass diese Leute mich einladen und nicht umgekehrt. Deshalb habe ich am Schluss immer gesagt: »Danke für die Einladung.« So ist das entstanden. Das hat sich auf ewig festgesetzt: Den Lauda muss man immer einladen, der zahlt die Rechnung nie selber.

Dieses Image war mir ganz recht, deshalb habe ich es laufen lassen und sogar noch forciert. Aber irgendwann hat die Mär von meinem Geiz eine solche Eigendynamik gekriegt, dass es nur noch schwer zu stoppen sein wird.

Die gesamte Werbelinie baute irgendwann auf dem Thema Sparsamkeit und Geld auf – von »Ich hab' ja nichts zu verschenken« bis hin zu meinem Kapperl-Werbedeal mit der Novomatic-Group. Das passt auch perfekt zu meiner Art, mit Geld umzugehen, zu den strengen Maßstäben, die ich bei mir selbst anlege. Zwischen Sparsamkeit und Geiz liegen aber Welten.

Ein Beispiel: Flyniki, die ich 2011 an Air Berlin verkauft habe, führte 2015 eine Doppelspitze für Österreich ein. Kleine Airline, zwei Geschäftsführer, so blöd muss man einmal sein. Und dann kommen diese Geschäftsführer, und ihre größte Sorge ist, dass sie beide ein gleich großes Büro haben. Das sind Dinge, die ich in meiner Welt nicht verstehe. Ich meine, diese

Leute geben das Geld von Air Berlin aus! Aber bei Air Berlin wird es im Nachhinein gar keiner merken.

Als ich Flyniki gründete, mietete ich günstige Büroräume auf dem General Aviation-Gelände am Flughafen Wien-Schwechat, nicht gerade die repräsentativste Gegend. Ich suchte mir ein kleines Zimmer hinten am Gang aus, mit Schreibtisch und Sessel, für mehr war da auch gar kein Platz. »Wie kannst du als Chef in so einem Besenkammerl sitzen?«, fragte mich mein erster Besucher entsetzt. Aber so ist mein Zugang: Der Chef hat das kleinste Büro von allen! Ich brauche keine Statussymbole, warum also unnötig Geld ausgeben? Mein eigenes übrigens. Wäre ich geizig, würde ich bei den Büromöbeln meiner Mitarbeiter sparen.

Ich persönlich habe heute gar kein Büro. Ich brauche das nicht. Ich erledige sowieso fast alles im Auto oder im Flugzeug. Sanja Jovanovic, meine persönliche Assistentin, hat ein kleines Büro in der Stadt. Meine Sparsamkeit und auch alle anderen Ansprüche richten sich also in erster Linie an mich selbst.

Der Anspruch an Präzision zum Beispiel. Ich beurteile Copiloten an ihrer Art, wie sie das Cockpit bedienen. Manche patschen mit der ganzen Hand auf die Schalter, die ich ganz leicht mit der Fingerspitze bedienen kann. Das hat für mich mit Respekt vor der Technik, vor den Instrumenten zu tun. Nicht, dass es eine Rolle spielen würde, beim Fliegen von A nach B. Aber es drückt eine gewisse Einstellung aus.

Diese Piloten erkennt man sogar am Rollen des Fliegers am Boden, am Einparken beim Gate. Sie machen das so ruckartig, dass sich das Flugpersonal anhalten muss. Da hätte ich wahnsinnig werden können. Ich habe immer versucht, auf sanfteste Art zu stoppen, so, dass die Passagiere es gar nicht gemerkt haben. *Gently*.

Begabte Piloten handeln nach meiner Erfahrung auch in überraschenden Situationen anders. Etwa wenn sie Techniker über ein Problem informieren. Manche kommen präzise auf den Punkt, bei anderen ist am Schluss nicht klar, worum es jetzt genau geht.

Manchmal habe ich meinen Hang zur Präzision vielleicht auch übertrieben. Wenn ich im Cockpit sitze, dann fällt mir zum Beispiel jedes Staubkörnchen auf. Mitarbeiter der Lauda Air haben mir zum Abschied einen mannsgroßen Pinsel als Anspielung auf meinen Sauberkeitstick geschenkt. Wenn der Flieger auf Autopilot geschaltet ist, hat man ja manchmal stundenlang Zeit. Ich hatte da so einen kleinen Pinsel, mit dem ich dann Staub wischte. Ich dachte mir: »Warum sollte ich einfach nur da sitzen und Zeit vergeuden? Da kann ich mich genauso gut nützlich machen.«

Diese Form von Pedanterie passt in den Augen mancher Leute gut zum Geiz. Für mich ist sie eine Form von Ordnung. Präzise zu arbeiten geht am besten in einem geordneten, blitzsauberen Umfeld.

Eine andere Geizgeschichte über mich betrifft eine Zulage für die Abnützung von Schuhen. Klingt unglaublich, ist aber wirklich passiert. Als wir für unsere beiden Fokker-Maschinen den Leasingvertrag mit Ägypten abgeschlossen hatten, forderten die Lauda-Piloten allen Ernstes ein höheres Gehalt wegen »widriger Umstände in Kairo«. Ich dachte, ich höre nicht richtig. »Welche widrigen Umstände?« Sie laberten etwas vom Leben in Kairo und überhaupt, bis ich ungeduldig wurde.

Dann rückten sie mit ihrer Schnapsidee heraus. Es sei der Schmutz in Kairo. Bei dem vielen Staub würden die Schuhe nicht so lange halten wie in Wien.

Die Schuhe von Kairo wurden für mich zum Symbol für absurde Forderungen. Wir hatten damals fünfzig Mitarbeiter. Ich legte ihre Mehrforderung, die ich natürlich abgelehnt habe, auf die spätere Größe der Lauda Air um und rechnete aus, dass uns die Schuhe von Kairo und alle Mätzchen, die denen vielleicht auch noch eingefallen wären, ruiniert hätten.

Ist das Geiz? In meinen Augen ist es einfach nur logisch. Die Dinge simpel halten, darum geht's im Leben: Beim Fliegen und beim Geld.

Dass mich die ganze Welt für den größten Sparmeister hält, stört mich null. Das Geizhals-Image nehme ich halt in Kauf. Manchmal ist es besser, gegen einen Mythos nicht sinnlos anzukämpfen.

AUFERSTEHUNG

»Extreme Erfahrungen bringen dich auch extrem weiter.«

Ist der 1. August ein denkwürdiger Tag für mich? Nein. Wenn mich niemand erinnert, geht er spurlos an mir vorbei. Erst wenn ich mir die Zahl 01-08-76 noch einmal herhole, wird mir klar, dass ich am 1. August 1976 am Nürburgring fast verbrannt wäre.

An diesem Tag ist auch die Reichsbrücke in Wien eingestürzt. Ich erinnere mich, dass mir das österreichische Journalisten erzählten, kurz bevor ich in den Ferrari stieg. Es war ein komisches Gefühl: dass die größte Brücke des Landes einfach einstürzen kann, von einer Sekunde auf die andere.

Später wurde mir immer wieder dieses Foto vorgelegt. Das brennende Rennauto, in dem ich bewusstlos lag, der schwarze Rauch, der nach der Explosion des Treibstoffs hochstieg. Es erscheint mir bis heute surreal, denn ich habe dieses Feuer ja nie gesehen. Ich habe den Crash bei Kilometer 10,7 nicht mitbekommen. Auch den Zeitpunkt – 14 Uhr 23 Minuten und 59 Sekunden – habe ich nicht gespeichert, ich hatte schließlich keine Uhr dabei. 45 Minuten meines Lebens sind für immer ausgelöscht.

Meine erste Erinnerung an den Unfall ist das Tack-Tack-Tack des Rettungshubschraubers. Ich fühlte, wie meine Augen zuschwollen. Dann versetzten Spritzen mich in einen Dämmerschlaf. Als ich wieder aufwachte, lag ich reglos in der Klinik und versuchte mit aller Kraft, nicht wieder wegzukippen. Im Traum war ich immer wieder in ein tiefes Loch gefallen, immer tiefer, aber ich war nicht aufgeschlagen. Ich war müde, spürte etwas Erlösendes, die Schmerzen waren weg. Plötzlich erschrak ich fürchterlich und eine Stimme in mir sagte: Pass auf, sonst stirbst du! Ich versuchte krampfhaft, jede Kleinigkeit zu registrieren, um nicht einzuschlafen oder das Bewusstsein zu verlieren. Ich kannte schon die Namen meiner Ärzte: Professor Peter, Professor Luty, Dr. Martin. Ich hörte ihnen zu, und was sie redeten, war nicht sehr erbaulich. »Wenn wir dem nicht sofort Sauerstoff geben, dann ist er tot.« Als ich später wieder sprechen konnte, sagte ich zu meinen Ärzten: »Passt doch ein bisschen auf, was ihr sagt. Wenn da ein sensibleres Bürschchen liegt, dann stirbt er euch weg!«

Kein Wunder, dass sogar die letzte Ölung im Raum stand. Ob ich etwas dagegen hätte, wenn ein Priester kommt, fragte Schwester Ulrike – auch die Namen der Krankenschwestern registrierte ich insgeheim. Es war eine rhetorische Frage, denn ich konnte weder den Kopf bewegen noch reden. Das wertete sie wohl als Zeichen meines Einverständnisses. Wenig später berührte jemand meine Schultern. Es war der Priester, der mir das geweihte Öl auf die linke Schulter, die einzige unverletzte Stelle meines Körpers, tupfte und sich dabei bekreuzigte. »Durch diese heilige Salbung helfe dir der Herr in seinem reichen Erbarmen, er stehe dir bei, mit der Kraft des Heiligen Geistes.« An mich richtete er die ganze Zeit kein Wort. Er dachte sicher, ich sei schon tot.

Die *Bild*-Zeitung schrieb damals: »Niki Lauda kommt durch! Aber wie lebt ein Mann ohne Gesicht?« Die *Bild*-Prognose für meine Zukunft las sich so: »Auch wenn sein Körper wieder ganz gesund ist, wird er sich ein halbes Jahr lang nicht unter Menschen trauen. Erst Anfang 1979 wird sein neu geformtes Gesicht fertig sein. Nase, Augenlider, Lippen sind dann wiederhergestellt. Dieses Gesicht wird seinem früheren Gesicht kaum noch ähnlich sehen. Nur an seiner Mimik und an seiner Sprache werden Freunde den Rennfahrer erkennen.«

Am vierten Tag stand fest, dass ich überleben würde. Durch das Einatmen der Dämpfe des giftigen Rauchs der Kunststoffkarosserie und des brennenden Benzins waren aber kritische Schäden an Lunge und Blut entstanden. Dazu Verbrennungen an Gesicht, Kopf und Händen.

Als ich zum ersten Mal in den Spiegel schaute, entdeckte ich keinen Hals und keine Nase. Ich konnte meine Augen nur öffnen, indem ich die Haut der Lider auseinanderzog. Mein Kopf war riesig angeschwollen, er steckte wie eine Wassermelone direkt auf meinen Schultern. Ich sah aus wie der Hauptdarsteller in einem Gruselfilm. Die Krankenschwester sagte: »800 Grad. Das macht die Hitze von 800 Grad.«

Nach fünf Tagen Intensivstation in der Klinik von Mannheim waren mehrere Hauttransplantationen nötig, die Operateure entnahmen Gewebe meines rechten Oberschenkels und verpflanzten es ins Gesicht. Bei der ersten Pressekonferenz nahm ein Journalist das später zum Anlass, um eine besonders blöde Frage zu stellen: »Wird sich Ihre Frau jetzt scheiden lassen, so wie Sie aussehen?«

Täglich um 17 Uhr 30 gaben die Mediziner ein ärztliches Bulletin aus. Es kamen hunderte Telegramme und Briefe, ein Herr aus Gelsenkirchen wollte sogar Haut für mich spenden, und ein kleiner Junge schickte mir seinen Spielzeug-Ferrari. »Weil deiner kaputt ist, Niki, kannst du meinen haben.«

Die Reporter waren wie wild hinter Fotos von mir her. Sie bestachen Krankenschwestern, damit sie ihnen die streng bewachte Tür zur Intensivstation ein paar Sekunden lang öffneten. Über der Klinik kreisten Hubschrauber, die darüber wachten, wer mich im Krankenhaus besuchte. *Newsweek* widmete mir eine Titelstory, die mit diesen Worten begann: »Niki Laudas Gesicht ist der Beweis für die Gefahr seines Berufs.«

Für mich war das Feuer auf dem Nürburgring ein Betriebsunfall. Ich wollte nicht in den Krankenstand, sondern möglichst schnell wieder in meinen Beruf zurück. Das wurde mir von vielen richtig übel genommen. Meine Sachlichkeit – Wiederaufnahme der Tätigkeit, sobald alle Funktionen in Ordnung sind – fanden die einen pietätlos, die anderen unappetitlich. Sie hätten mich lieber trübsinnig und kränkelnd in einem abgedunkelten Zimmer liegen gesehen. Und natürlich warfen sie mir Geldgier vor. Aber das Geld war für mich nicht die treibende Kraft.

Willy Dungl hat mir auf diesem Weg viel geholfen. Er war, solange er gelebt hat, mein Ansprechpartner in Sachen Gesundheit und Fitness. Willy hat mich gelehrt, mit meinem Körper, mit den Reserven, sorgsam umzugehen. In der ersten Zeit nach dem Unfall ging er für mich sogar Wurzeln ausgraben. »Niki, das hat schon den Kreuzrittern geholfen«, meinte er. Er kochte dann die Wurzeln ab, und ich trank ganz brav den Tee davon. Daraufhin konnte ich wieder schlafen und über meinen Ohren, die nur rohes Fleisch waren, wuchs nach zwei Wochen endlich wieder frische Haut. Ich war inzwischen von Mannheim nach Salzburg überstellt worden.

Ich sah aus wie ein Zombie, total verändert. »Hol den Wastl rüber!«, sagte ich eines Tages zu Marlene. Der Wastl war damals unser Nachbar, ein gestandener Salzburger Bauer mit Virginia im Mundwinkel und Steirerhut am Kopf. Er kam, sah mich und senkte seinen Blick. Da wusste ich: Wenn es schon den Wastl, diesen erdverbundenen Menschen vom Land, reißt, dann kann ich mich mit dem Gesicht nie wieder in die Stadt trauen.

Mein damaliger Rivale James Hunt hat nach dem Unfall einmal zu mir gesagt, dass ich jetzt besser aussehe als vorher. Das werde ich nie im Leben vergessen. Ich schlich mich oft ins Bad und schaute mich im Spiegel an. So siehst du aus, sagte ich mir immer wieder. Wer dich deswegen nicht mag, den kannst du sowieso vergessen.

Willy Dungl wollte herausfinden, ob ich durch das Flammeninferno ein Trauma erlitten hatte. Er zündete einmal bei mir zuhause in Salzburg ein Feuer im Kamin an und sagte: »Da schau eini, Niki!« Ich schaute rein, aber da rührte sich nichts. Auch das Feuer auf dem Unfallbild ist mir komplett wurscht.

Damals habe ich mir übrigens mein legendäres Kapperl zugelegt. Weil mein Kopfverband immer verrutscht ist, meinte Willy Dungl: »Probieren wir's mit einem Kapperl, das hält uns den Verband zusammen!« Seither ist das Kapperl mein Markenzeichen.

Es gab Journalisten, die jahrelang nur eines wollten: Dass ich das Kapperl abnehme. Das war für sie ungefähr so wichtig, wie wenn eine schöne Frau für den *Playboy* alle Hüllen fallen lässt. Es ist schon eigenartig, dass es Menschen gibt, die unbedingt unter meine Kappe schauen wollten, weil sie glaubten, ich verberge dort etwas. Außer natürlich meinen kahlen Schädel.

Für mich machte es einfach keinen Sinn, den Zombie noch speziell raushängen zu lassen, ich empfand die Kappe als Schutzschild. Der Kopf schaute noch immer kahl aus, es wuchsen nur links ein paar Haare, auf der rechten Seite war gar nichts mehr. Also hatte die Kopfbedeckung, für die sich ja auch andere Sportler gerne bezahlen lassen, für mich über das Finanzielle hinaus eine zusätzliche Bedeutung. Es gibt nämlich bis heute Menschen, die starren ungeniert auf mein verbranntes Ohr. Ohne Kapperl fühle ich mich bis heute nackt, diesen blöden Blicken ausgeliefert.

Wenn ich einen Menschen mit einer Behinderung treffe, dann schaue ich ihm direkt in die Augen. Kinder tun das auch. Und dann fragen sie: »Niki, warum hast du nur ein halbes Ohr?« Dann sage ich ihnen, warum, und alles ist in Ordnung.

Der weltberühmte brasilianische Schönheitschirurg Professor Ivo Pitanguy sagte über mich: »Niki Lauda war ein verwundeter Held«. Verwundet stimmt. Pitanguy hat 1982 mein rechtes Auge noch einmal operiert, weil die Narbe so gezogen hat. Er sagte: »Wunderbar! Und dann nehmen wir für das rechte Ohr noch die Knorpel von den Rippen, und da bauen wir ein komplett neues Ohr, von der hinteren Kopfhaut nehmen wir Haare für die Augenbrauen, und bei dieser Gelegenheit bringen wir die Glatze auf der rechten Seite auch gleich in Ordnung!« Er war richtig happy, dass er ein perfektes Versuchskaninchen gefunden hatte. Es kostete mich eine halbe Stunde, ihm klarzumachen, dass ich außer meinem rechten Augenlid keine Wünsche hatte. Denn erstens hätte das alles sehr viel Geld gekostet, zweitens wäre der Erfolg nicht garantiert gewesen, und drittens hätte es ziemlich weh getan. Wozu also? Ich wollte schließlich kein schönes, ich wollte nur ein funktionierendes Gesicht.

Was den Held betrifft, hatte Pitanguy unrecht. Ich bin sicher kein Held, ich habe nur viele Chancen, die mir das Leben geboten hat, optimal genutzt. Auch der Feuerunfall war eine Chance. Extreme Erfahrungen bringen dich auch extrem weiter.

Irgendwann saß ich zuhause, noch immer Blut am Kopf, und schaute hinunter auf den blaugrünen Fuschlsee. Es lief gerade ein Randy Newman-Song, da spürte ich ein unbändiges Verlangen, wieder Autorennen zu fahren. Was ich damals noch nicht ahnte: Ich musste erst mit mühsamen Konzepten meine Angst wieder in den Griff bekommen. Ich hatte ja keinen kleinen Autounfall gehabt, ich erstand quasi vom Totenbett wieder auf.

Enzo Ferrari, der mir am 7. August ein Telegramm geschickt hatte, in dem stand, dass der T2 ewig für mich reserviert bleibe, besetzte mich schon bald als Nummer zwei und radierte mich in meiner Unfallschwäche quasi aus. Ferrari war der gütigste Mensch, wenn er dich mochte, und der brutalste, wenn du ihm nichts mehr bedeutet hast. Schon allein deshalb wollte ich zurück ins Cockpit. Nach außen hin stand Ferrari zu seinem leicht angebrannten Weltmeister, aber intern war die jämmerliche Unsicherheit spürbar.

Den Kampf um die Weltmeisterschaft wieder aufzunehmen war für mich die einzig logische Konsequenz. Der Wiener Kabarettist Werner Schneyder nannte es »hirnverbrannt«, im doppelten Sinn des Wortes. Aber ich wurde mit dieser Einstellung dreifacher Weltmeister.

33 Tage nachdem ich auf dem Nürburgring verunglückt war, nahm ich in Monza meine Arbeit wieder auf. Die Reichsbrücke, die am Tag meines Unfalls eingestürzt war, hatte für ihr »Comeback« – eine Behelfskonstruktion für die Straßenbahn – 35 Tage benötigt.

Es war Montag, der 7. September, in Italien warteten 5.000 Fans auf mich. Auf dem Weg zur Besprechung mit Enzo Ferrari drückte mir ein Zuschauer, dem es gelungen war, die Polizeisperre zu durchbrechen, einen Rosenstrauß in die Hand. Den trug ich, als ich das Büro des Commendatore betrat. Ich hatte innerlich gehofft, dass er durchdrehen würde vor Freude, aber er wollte eigentlich nicht, dass ich fahre. Enzo Ferrari, das wurde mir damals klar, glaubte nicht mehr an Niki Lauda.

Obwohl ich die gesamte Krankengeschichte aus Mannheim dabei hatte und ihm noch ein paar »Voll fit«-Atteste der deutschen Ärzte auf den Tisch legte, verlangten seine Leute zusätzliche medizinische Checks. Anstatt mich aufs Training und auf das Rennen zu konzentrieren, musste ich einen ganzen Nachmittag lang unnötige Untersuchungen über mich ergehen lassen. Ich wusste: Du musst wieder von null beginnen.

Beim Freitagtraining passierte das Entsetzliche: Als ich das Heulen der Motoren hörte, mir den Rennoverall überstreifte und in den Ferrari einstieg, war ich ganz steif. Ich konnte einfach nicht fahren. Ich war aus purer Angst nicht fähig dazu. Ich ging ins Hotel und dachte nach. Ich musste eine Lösung für mein Problem finden. Ich sagte mir: Grand Prix hin oder her, am Samstag fahre ich einfach so, als gäbe es keine Konkurrenz. Ich lasse mir keine Zeit zeigen, ich kümmere mich nicht um die anderen, ich fahre nur für mich selber. Damit hatte ich mir den irrsinnigen Druck genommen und konnte wieder Vertrauen gewinnen. Was zuerst wie eine Niederlage aussah, war für mein Weiterkommen extrem wichtig. Ich hatte die Angst zugelassen und war nicht gegen sie weitergefahren …

Am Samstag wartete die nächste Hürde auf mich. Zwei Rennen davor – keiner hatte mir etwas gesagt – war der Ampelstart eingeführt worden. Ich stand in der Startaufstellung, ohne Gang, und suchte den Mann mit der Flagge, der vor der Einführung der Ampel das Startzeichen gegeben hatte. Plötzlich fuhren alle los. Das kostete mich so viel Zeit, dass ich nur als Dreizehnter startete und überholen musste ohne Ende. Da begann es auch noch zu regnen, die Strecke wurde nass, der Ferrari ist weggerutscht und ich brauchte wieder ein paar Runden, um mit den schwierigen Bedingungen zurechtzukommen. So tastete ich mich ganz langsam wieder an die Grenzen des Möglichen heran.

Aber die Angst war weg. Ich war schnellster Ferrari-Pilot, schneller als Clay Regazzoni und Carlos Reutemann, den sie nach meinem Unfall ins Team setzten – wir konnten einander nie leiden. Da haben manche blöd geschaut, dass ich in Monza Vierter wurde. Ferrari war ratlos. Was sollte man von einem Titelverteidiger halten, der mit entstelltem Gesicht so tat, als sei alles normal? Die *Daily Mail* schrieb: »Niki Lauda fuhr, als wollte er uns alle, die an seinem Comeback zweifelten, beschämen.«

Beim Großen Preis von Japan in Fuji, am 24. Oktober 1976, war dann der zweite Weltmeistertitel für mich in greifbarer Nähe. Es regnete in Strömen. 9.000 Meter lang machte ich den Irrsinn auf der überfluteten Strecke mit. Wir pflügten uns durch meterhohe Wellen, die Sicht war praktisch null. Trotzdem wurde das Rennen nicht abgebrochen. Der Grund: Fuji war der erste Grand Prix, der weltweit übertragen wurde. Bernie Ecclestone sagte: »Das Rennen findet statt, wegen der Fernsehrechte.« Das war so absurd, dass ich mich fragte, ob ich unter diesen Umständen tatsächlich weiter um den Titel kämpfen und bei Tempo 280 ins Nichts rasen sollte? Ich war – am Fuß des heiligen Berges Fujiama – auf dem schmalen Grat angelangt, der den Motorrennsport vom Wahnsinn trennt. Und entschied mich – wie drei andere Piloten – fürs Aufgeben aus Sicherheitsgründen. Nach zwei Runden fuhr ich zurück an die Box, James Hunt wurde Weltmeister auf McLaren.

Ferrari und Lauda hatten den Weltmeistertitel verloren. Ich rief den alten Herrn daheim in Maranello an, erzählte ihm meine Gründe, er sagte nur »Hm« und »Aha« und »Addio« – die Trennung war vorprogrammiert. 1977 wurden wir noch einmal Weltmeister, dann unterschrieb ich für Brabham. Auf seinem Schreibtisch hatte Enzo Ferrari trotzdem nur Fotos vom tödlich verunglückten Villeneuve und von mir.

Ich wurde oft gefragt, was mir nach dem Feuerunfall die Kraft gegeben hat, nicht aufzugeben, auch als es total bergab ging, immer noch und erst recht zu kämpfen. Ich glaube, ich hatte gar keine Wahl, denn es war mein Weg. Und ich war immer von diesem Weg überzeugt, mit allen Ups and Downs.

Die Erfahrung, fast zu sterben, ist natürlich irre. Deswegen werde ich seit damals mit ähnlichen – größeren oder kleineren – Problemen viel leichter fertig. Alle Probleme erscheinen lösbar im Vergleich zu den Problemen, die ich nach dem Unfall hatte. Mit meiner Gesundheit, mit meinem Comeback, mit dem Druck derer, die nicht mehr an mich geglaubt haben. Das alles hat hohe Maßstäbe für mein weiteres Leben gesetzt.

VERHANDELN WIE EIN WELTMEISTER

»Geschäfte müssen fair sein. Zu hoch pokern ist genauso blöd, wie sich unter seinem Wert zu verkaufen.«

Ich war zweifacher Formel 1-Weltmeister, hatte ein verbranntes Ohr und verdiente so viel wie kein anderer Rennfahrer der Geschichte. Rennstallchef von Brabham-Alfa-Romeo war damals Superverhandler Bernie Ecclestone, dem heute die ganze Formel 1 gehört. Ihn niederzukämpfen war spannender als Autofahren. Durch Bernie Ecclestone – und zuvor Enzo Ferrari – lernte ich, wie ein Weltmeister zu verhandeln.

Regel Nummer eins: Finde die marktüblichen Preise heraus. Ich bin dabei den direkten Weg gegangen und habe einfach die anderen Fahrer gefragt, was sie verdienen. Der Ronny Peterson bekam damals zwei Millionen Dollar. Deshalb sagte ich: »Zwei Millionen Dollar, keinen Cent weniger.«

Bernie meinte, ich sei vollkommen wahnsinnig. Die Sache zog sich über vier Monate, ich blieb stur wie ein Esel. Er hingegen spielte den Beleidigten, redete nicht mehr mit mir und grenzte mich in der Formel 1 regelrecht aus. Das war mir egal.

Regel Nummer zwei: Je weniger Emotionen im Spiel sind, desto besser laufen Verhandlungen. Um wieder mit Bernie ins

Gespräch zu kommen, rief ich den damaligen Parmalat-Chef an, der gerade den Sponsorenvertrag mit Brabham-Alfa-Romeo neu verhandelte. »Es gibt Probleme«, teilte ich ihm mit, worauf Parmalat Ecclestone zu verstehen gab, dass es ohne Vertrag für Niki Lauda kein Sponsoring gebe. Da unterschrieb Bernie zähneknirschend. Ich hatte, was ich wollte.

Drei Jahre vorher, im Juli 76, war es noch um fünf Millionen Schilling Gage gegangen. Ich saß mit Enzo Ferrari im Hinterzimmer des legendären »Cavallino« gegenüber dem Ferrari-Werk in Maranello, wie immer war sein Sohn Piero als Übersetzer dabei. Es war wenige Tage vor meinem Feuerunfall, ich führte überlegen in der Weltmeisterschaft. Er hätte gerne, dass ich auch 1977 bleibe, sagte der alte Herr. Wie es mit dem Geld aussähe? Ich sagte: »Fünf Millionen Schilling.«

Der Commendatore dachte natürlich in Lire und musste erst seinen Buchhalter anrufen und fragen: »Wie viel sind fünf Millionen Schilling?« Als er die Antwort erfuhr, brüllte er los. »Schweinerei, Frechheit! Lauda ist verrückt geworden, wir brauchen gar nicht mehr zu reden.«

Regel Nummer drei: Desinteresse zeigen. Ich sagte: »Gut, dann fahre ich eben woanders.« Der alte Herr schnaubte und schrie: »Er soll froh sein, dass er für Ferrari fahren darf. Wir zahlen überhaupt nichts.« Ich zeigte mich ungerührt, da machte er ein Gegenoffert in Lire, das ein Viertel unter meiner Forderung lag. Jetzt wurde ich wütend und erinnerte ihn daran, dass Ferrari ohne mich nie Weltmeister geworden wäre. Darauf brüllte er wieder, ich sei unverschämt, das sei sein letztes Angebot.

Regel Nummer vier: Es gibt immer noch einen Spielraum. Nutze ihn aber nicht auf einmal. Für mich betrug dieser Spielraum fünf Prozent. Ich kam ihm, ganz in Ruhe, zunächst um ein Prozent entgegen. Das gab mir immer noch vier Prozent Luft. Als er erneut zu brüllen anfing, diesmal schon mit hochrotem Kopf, ging ich um weitere vier Prozent runter und sagte mit lauter Stimme: »Mein letztes Angebot!«

»Okay, ebreo – okay, du Jude!« Er klopfte solche Sprüche, aber er war kein Antisemit. Im nächsten Moment war er wieder charmant und gelöst und ich hatte die größte Talkshow meines Lebens gehabt.

Regel Nummer fünf: Typen wie Ecclestone oder Ferrari respektieren dich mehr, wenn du nicht als Jasager daherkommst, sondern wirklich hart verhandelst.

Dass ich ein Jahr nach dieser Episode bei Ferrari kündigte, ist eine andere Geschichte. Ich glaube, der alte Herr hätte sogar verdoppelt. Und wer weiß? Vielleicht hätte ich fünffacher Weltmeister werden können, wäre ich bei Ferrari geblieben.

An die fünf Regeln halte ich mich noch immer. Als ich später bei Lauda Air eine Boeing 737 kaufen wollte, rief ich den Herrn Easyjet an und holte mir von ihm Basiswissen. »Wie habt ihr die Flieger gekauft? Welche Spannen sind da möglich?« Das war aufgrund meines Bekanntheitsgrades natürlich leichter. »Wieso sollte ich Ihnen das sagen, Herr Lauda?«, wollte Stelios Haji-Ioannou wissen. Meine direkte Art verblüffte ihn, dadurch habe ich aber wichtige Vorarbeit für Vertragsverhandlungen geleistet.

»Weil ich es Ihnen auch sagen werde, sollte ich auch nur ein Prozent mehr bekommen«, sagte ich Herrn Easyjet. »Wenn ich einen besseren Deal zustande bringe, dann seid ihr wieder auf dem neuesten Stand und könnt die Informationen für eure Geschäfte nutzen.« Er war einverstanden, und wir verhandelten aufgrund seiner Informationen schlussendlich einen Diskont von zwanzig Prozent heraus.

Mit den Jahren ist noch eine Regel Nummer sechs dazugekommen: Ich verhandle nie nach. Das machen nur Leute, die nie zufrieden sind.

Für mich geht es bei Verhandlungen darum, dass ich erstens meine eigene Forderung genau kenne, dass ich weiß, was ich will. Durch meine Recherchen weiß ich zudem auch ganz genau, was mein Verhandlungspartner kann, ich kenne seine Grenzen und weiß, wie weit ich gehen kann. Mit diesen zwei Komponenten muss ich bei Verhandlungen einen Kompromiss finden. Mit diesem Kompromiss bin ich dann relativ schnell zufrieden. Weil ich überzeugt bin, dass Verhandlungen fair sein müssen. Zu hoch pokern ist genauso blöd, wie sich unter seinem Wert zu verkaufen.

Ich wundere mich manchmal, wie viele Unzufriedene es rundherum gibt. Sie finden einen Kompromiss, und dann kommen sie am nächsten Tag wieder und wollen noch diesen Punkt und jenen Punkt geändert haben, immer noch etwas herausholen, natürlich auf Kosten des anderen.

Beim Hausbauen hört man das oft: Dieser Firma habe ich noch das weggenommen, diesem Handwerker noch jenes. Ich finde das unfair. Gute Verhandlungen sollen hart geführt werden, aber der andere muss auch sein Gesicht wahren. Schon allein deshalb, weil ich ja mit meinem Gegenüber wieder Geschäfte machen will. Das funktioniert aber nur, wenn beide zufrieden sind.

Ich hatte immer Vertrauen in mein Verhandlungsgeschick. Und sogar wenn ich am nächsten Tag draufkam, dass gewisse Informationen, die ich bekommen hatte, vielleicht nicht ganz korrekt waren, dass mein Verhandlungspartner vielleicht das bessere Geschäft gemacht hatte: Ich habe es abgehakt, es war so. Ich sagte mir: »Beim nächsten Mal passe ich halt besser auf.« Es gibt viele, die dann beleidigt oder gekränkt sind. Mir ist beides fremd.

Ich habe alle Verträge in den letzten 40 Jahren selbst verhandelt, auch in der Formel 1. Als wir bei Mercedes, wo Toto Wolff CEO des Rennstalls ist und ich Chairman of Board, den Vertrag von Lewis Hamilton verlängert haben, hat mich das wieder an meine Rennfahrer-Zeit erinnert.

Es geht auch heute noch um die gleichen Fragen: Was ist die Leistung des Piloten? Die Leistung ist direkt mit dem Geld verlinkt. Ist er eine charismatische Persönlichkeit? Und dann: Wie holen wir für beide, für ihn und für den Rennstall, das Beste heraus? Rennfahrerverträge sind ja kurz. Da geht es nicht um mein ganzes Leben, sondern um zehn Jahre. Zehn Jahre kann ein Pilot in der Formel 1 Rennen fahren, dann ist es vorbei.

Nun, wir verhandelten ziemlich lange mit Hamilton. Es ging natürlich ums Geld. Hamilton wollte viel Geld und Mercedes wollte weniger zahlen, eine ganz normale Ausgangssituation für eine gute Verhandlung.

Manchmal brauchen bei einer Verhandlung beide Seiten einen langen Atem. Da taucht mitunter auch die Frage auf, was wäre, wenn der Verhandlungspartner abspringt und woanders hingeht. Ich hielt dieses Szenario aber für ziemlich ausgeschlossen. Auch weil ich absolut keine Ängstlichkeit kenne. Ich wusste: Der geht nicht weg.

Es war wirklich ein interessanter Fall. Ich bin mit meiner klaren Linie auch innerhalb von Mercedes nicht nur auf Verständnis gestoßen. Es ging hin und her, aber unser Limit war klar.

»Wenn er es nicht akzeptiert, dann soll er gehen. Es mag sein, dass andere ihm mehr zahlen, aber bei Mercedes hat er das beste Auto und ist der Superstar«, habe ich zu Toto Wolff gesagt. Wir sind eine perfekte Doppelspitze, raufen uns immer zusammen und ziehen am gleichen Strang.

Eines Tages habe ich Lewis Hamilton ganz freundlich, aber ultimativ gesagt: »Du, entscheide das jetzt. Freitag 12 Uhr sagst du uns ja oder nein. Irgendwann muss mit dem Verhandeln auch Schluss sein.«

Die Mercedes-Vorstände fragten mich, ob ich denn eine Alternative zu Lewis Hamilton hätte? Ich sagte: »Nein, natürlich nicht. Ricciardio ist bei Red Bull, und auch alle anderen, die infrage kämen, sind unter Vertrag. Das heißt aber noch lange nicht, dass wir überzahlen müssen.« Die haben mich alle angeschaut, als wäre ich von einem anderen Stern. Es war ja unbestritten, dass wir Hamilton unbedingt haben wollten, wenn wir ihn verloren hätten, wäre es aus gewesen. Uns war sein Wert sehr wohl bewusst.

Toto Wolff und ich mussten deshalb einen Weg finden, sowohl Hamilton als auch das Board von unseren Argumenten zu überzeugen. Wir mussten alle auf unserer Seite haben, denn wenn wir mit Hamilton etwas verhandeln und Mercedes zahlt dann nicht, dann sind unsere Verhandlungen gescheitert.

Also langer Rede kurzer Sinn: Hamilton hat natürlich unterschrieben. Ich war mir selbst nicht sicher, ob es funktionieren würde, denn Lewis ist ja eine schillernde Persönlichkeit und deshalb in seinen Entscheidungen auch unberechenbar. Ich hätte locker sagen können: »Wir zahlen ihm das jetzt einfach, ist ja nicht mein Geld!« Also eh wurscht. Das wäre der einfache Weg gewesen. Aber mir ist es eben nicht wurscht. Ich habe ein Budget, und das Budget ist einzuhalten. Ich agiere mit Geld immer mit der gleichen Verantwortung. Egal ob es mein eigenes ist oder das von Mercedes. Ich handle immer so, als wäre es mein eigenes Unternehmen. Was es ja zu einem ganz kleinen Teil auch ist: Ich halte mittlerweile am Mercedes-Rennstall zehn Prozent der Aktien.

Am Ende waren alle zufrieden. Auch Lewis Hamilton, weil es ein hundert Prozent fairer Deal war. Wir haben Hamiltons Vertrag deutlich verbessert, aber eben nur bis zu einem gewissen Limit. Es gab keinerlei Unmut, alles wurde offen angesprochen und perfekt abgehandelt. »Super gemacht«, meinten die Vorstände bei der anschließenden Boardsitzung.

Und wenn es schiefgegangen wäre? Wenn Mercedes dann nie mehr ein Formel 1-Rennen gewonnen hätte, dann wäre es natürlich falsch gewesen. Aber dann hätten wir einen Plan B gemacht, den ich damals nicht kannte. Es gibt immer einen Plan B. Auch wenn Dinge im Leben schief gehen, öffnet sich irgendwo eine neue Tür, wenn man nicht die Hände in den Schoß legt, sondern konsequent und nach den eigenen Werten und Überzeugungen weiterarbeitet.

Ich mag vielleicht das Image eines beinharten Verhandlers haben, aber ich habe noch nie erlebt, dass jemand nach einer Verhandlung zu mir gekommen ist und gesagt hat: »Bist du deppert, du hast mich übergelassen!« Es gibt ja Geschäftsleute, die einen Spaß daran haben, andere über den Tisch zu ziehen. Die sich dann hinstellen und sagen: »Pech gehabt!«

Zu denen zähle ich nicht. Ich glaube, jeder, der einmal mit mir verhandelt hat, würde es auch ein zweites Mal tun. An dieser Stelle gehört noch Regel Nummer sieben für erfolgreiches Verhandeln genannt: Hinterlasse niemals verbrannte Erde. Geld, das du auf diese Weise gewonnen hast, wird dir kein Glück bringen.

MARKTWERT

»Je authentischer du bist, desto unverwechselbarer wirst du. Mein rotes Kapperl ist ein Symbol dafür.«

Ich will nicht mehr blöd im Kreis herumfahren. Mit diesem Satz habe ich im September 1979 meinen ersten Rücktritt vom Rennsport bekanntgegeben. Bei Brabham hatte ich 1978 gerade mal zwei Rennen gewonnen, 1979 kam ich zweimal ins Ziel, elfmal war ich ausgefallen. Das war's.

Mein Werbewert hatte bei den ersten Misserfolgen noch keinen Schaden genommen, weshalb ich Brabham-Boss Bernie Ecclestone noch zwei Millionen Dollar abgeluchst hatte. Aber die Luft war draußen, eigentlich interessierte mich das ganze Zeug nicht mehr. Da konnten auch zwei Millionen Dollar nichts daran ändern.

Beim Training zum Grand Prix von Kanada fuhr ich erstmals mit dem Ford-Cosworth-Achtzylinder und einem neuen Motor. Das Gerät sah toll aus, aber es törnte mich überhaupt nicht an. Beim Start spürte ich zum ersten Mal ein komisches Vibrieren im Kreuz, so ein lästiges Kitzeln. Das Gasgeräusch klang irgendwie fader, alles fühlte sich langsamer an, sogar die irre Geschwindigkeit. Wozu das alles, dachte ich plötzlich während der Fahrt. Keiner ist so einsam wie der Rennfahrer in seinem Cockpit.

Ich quälte mir noch ein paar Runden ab, fuhr dann in die Box und ließ mir Kupplung und Bremsen entlüften, um auf andere Gedanken zu kommen. Da wusste ich: Es geht nicht mehr. Aus, Ende.

Ich ging zu Bernie und sagte: »Ich muss mit dir reden.« Wir setzten uns in den Bus von Parmalat, wo wir ungestört waren. »Du, Bernie, ich will nicht mehr, ich höre auf.«

Ecclestone kapierte schnell. »Fährst du für jemand anderen?«, wollte er wissen. Ich schüttelte den Kopf. Er riet mir, eine Magenverstimmung vorzutäuschen und gleich wegzufliegen. Er wollte mich im Cadillac des Teams in das Regency Hyatt bringen lassen. Den großartigen Zwei-Millionen-Dollar-Vertrag lösten wir auf. »Es ist eine große und gute Entscheidung«, meinte er bei unserem Abschied – wohl auch im Hinblick auf das eingesparte Geld.

Ich zog mein Zeug aus, legte Sturzhelm und Overall in eine Ecke der Box und rief Marlene an: »Wir sparen ab jetzt Seifenpulver. Es wird nie mehr einen Overall geben, der gewaschen werden muss.« Marlene konnte ihr Glück nicht fassen. Sie musste keine Angst mehr haben, dass sie ihren Mann eines Tages auf einer Bahre wegtragen.

Mein Ausstieg sprach sich wie ein Lauffeuer herum. Ein paar Journalisten stöberten mich im Hotel auf. Sie vermuteten einen sensationellen Grund für meinen Rücktritt und hatten ihre Redaktionen bereits avisiert. Da sagte ich diesen Satz, der meinen damaligen Gefühlswandel am besten auf einen Nenner brachte: Ich will nicht mehr blöd im Kreis herumfahren.

Einige Kollegen nahmen es mir übel, dass ich den Rennsport mit meinem rüden Abgang infrage gestellt hatte. Wie kann einer acht Jahre lang in der Formel 1 fahren und plötzlich draufkommen, dass das »Im-Kreis-Herumfahren« sinnlos war?

Rennfahren war elf Jahre lang mein Leben gewesen. Aber dann ließ mein Interesse nach und ich tat das für mich persönlich einzig Richtige: aufhören. Die Entscheidung traf ich ganz allein, sie hatte nichts mit Erfolg oder Misserfolg zu tun, sie kam einfach.

Ich bin froh darüber. Weil klare Entscheidungen dein Image festigen. Je authentischer du bist, desto unverwechselbarer wirst du.

Mein rotes Kapperl ist ein Symbol dafür. Es ist Erkennungszeichen, Trademark, Werbeträger, Schutzschild. Ich trage es mittlerweile seit mehr als vierzig Jahren. Nach dem Feuerunfall am Nürburgring hat das Kapperl den Verband am Kopf zusammengehalten und verdeckt. Es lenkt auch von meinem verstümmelten Ohr ab.

Als öffentliches Tier stehe ich ja ständig unter Beobachtung. Ich darf ja nicht einmal in der Nase bohren! Deshalb bin ich so gern in Amerika, da tragen alle solche Kappen wie ich. Wenn man mich beim Einchecken ins Hotel fragt: *»Is Niki or Lauda your first name?«*, dann bin ich richtig glücklich.

Das Kapperl gehört mittlerweile zu meinem Leben. Ich hatte noch nie in der Früh das Gefühl: Heute möchte ich eigentlich ohne Kapperl gehen. Im Gegenteil. Ohne mein Kapperl fühle ich mich nackt.

Überall, wo es der Respekt gebietet, nehme ich die Kappe ab. Bei Beerdigungen natürlich, in Kirchen oder wenn der spanische König kommt.

Leider kann man diese Kappen nicht waschen, man muss sie auswechseln. Je länger ich sie trage, desto perfekter wird die Passform. Sie sitzt dann richtig rund auf dem Kopf. Alle zwei Monate nehme ich eine neue, weil die alte schmutzig geworden oder von der Sonne ausgebleicht ist. Aber das Wechseln ist immer ein Drama.

Mit dem roten Kapperl begann in den Siebzigerjahren eine lange Tradition von Sponsorship. Mein erster Geldgeber war Parmalat. Ein Vierteljahrhundert stand der Schriftzug des italienischen Molkereikonzerns auf meinem Kapperl. Als der Sohn des Firmengründers alles auf den Kopf stellte, trennte er sich auch vom Werbeträger Niki Lauda. Da die Konkurrenz den Deal viel höher einschätzte, steigerte sich der Preis für die Werbefläche in der Folge auf das Zwanzigfache.

2002 kam das Logo des deutschen Heiztechnikproduzenten Viessmann auf meine Kappe. Anfang 2007 wechselte ich zum Schweizer Anlagenbauer Oerlikon, danach war der liechtensteinische Finanzdienstleister Money-Service-Group mein Sponsor, aber nur kurz, weil gegen die Firma wegen Verdachts des gewerbsmäßigen Betrugs ermittelt wurde. Die MSG war der erste und einzige Kunde, der sich ein blaues Kapperl wünschte. Mir war's wurscht, aber für die Trademark war's ein klarer Bruch. Ich werde in Zukunft jedenfalls die Farbe nicht mehr wechseln. Das Logo von Aabar, einer Investmentgesellschaft aus Abu Dhabi, war dann wieder leuchtend rot.

Als der Vertrag mit den Arabern auslief, waren die Verhandlungen mit meinem neuen Sponsor noch im Gang, weshalb ich kurzfristig ein rotes Kapperl ohne Schriftzug trug.

Bei den Golden Globes, wo 2014 der Kinofilm über das Duell Niki Lauda gegen James Hunt (»Rush«) nominiert war, trug ich dann erstmals mein Novomatic-Kapperl. Diese Kampagne war sicher einmalig, denn die Verleihung der Golden Globes wird weltweit übertragen. Einen besseren Start für eine Partnerschaft gibt es wohl kaum.

Dass ich mit meinem Hang zu Sparsamkeit und Kontrolle Werbung für den Glücksspiel-Riesen mache, hat vielen nicht gepasst. Natürlich habe ich auch darüber nachgedacht. Meine Logik war, dass Unternehmen in dieser Größenordnung – Novomatic ist ja weltweit tätig – sich besonders streng an Gesetze halten müssen.

Apropos Glücksspiel: Für Novomatic war ich ein paar Mal bei Casinoeröffnungen. Die Hightech-Spielautomaten haben mich an mein Hightech-Formel 1-Leben erinnert. Aber Spieler bin ich keiner. Zur Hetz habe ich einmal um zehn oder zwanzig Euro gespielt und bin mit plus-minus Null ausgestiegen. Ich glaube, wer im Leben so viele Risiken eingegangen ist wie ich, braucht das Risiko beim Zocken nicht mehr.

Ich bin stolz auf meinen Deal mit Novomatic. Ich hätte auch kein Problem damit, die Gage zu nennen. Aber erstens untersagt mir das eine Klausel im Vertrag, und zweitens gönnt dir in Österreich ja keiner etwas. Die von Medien kolportierten Summen meiner Kapperl-Sponsoren – von anfangs 100.000 Schilling bis zu siebenstelligen Eurosummen – kommentiere ich nicht.

Dass ich als Werbeträger immer »top« geblieben bin, egal ob ich gerade auf der Siegerstraße unterwegs war oder als Troubleshooter, ist ein interessantes Phänomen. Wahrscheinlich habe ich davon profitiert, dass meine Karriere wie ein spannender Film verlaufen ist. Die Dramaturgie dazu, mit allen Ups and Downs, könnte ein Regisseur nicht besser erfinden.

Anfang der Achtzigerjahre hatte die Tatsache, dass ein zweifacher Formel 1-Weltmeister eine Fluglinie gründet, meine Popularität auf den Höhepunkt getrieben. In Österreich kannte jeder »den Niki«, die Deutschen adoptierten mich ein bisschen, und für die Italiener war ich dank Ferrari ohnehin ein Held. Ein Wirtschaftsmagazin schrieb in den Neunzigern: Der Rennfahrer Niki Lauda gehört neben dem Papst, Ronald Reagan und Cassius Clay zu den bekanntesten Männern der Welt.

Danach richtet sich natürlich mein Marktwert, den ich grundsätzlich als gut und vor allem stabil bezeichnen würde. Die ING DiBa Bank ist ein gutes Beispiel dafür, wie Unternehmen von der Popularität meines Namens profitieren. Das ist eine Riesenbank, die europaweit agiert, aber in Österreich kannte sie keiner, weil ING DiBa eben keine traditionelle Bank ist. Bei denen geht alles schneller und einfacher. Ihr Bekanntheitsgrad hat sich mit den Werbespots, die ganz auf mein Sparmeister-Image aufgebaut waren, schlagartig geändert.

Der Slogan »Ich hab ja nichts zu verschenken« ist leider genial. Ich werde jeden Tag mindestens einmal von wildfremden Menschen angesprochen: »Ah, Herr Lauda, Sie haben ja nichts zu verschenken, gell?« Die nehmen es für bare Münze, dass ich mir im Wirtshaus das Wiener Schnitzel einpacken lasse oder mich mit fünf Hunden auf den Rücksitz eines Mittelklassewagens quetsche. Ich nicke dann freundlich und lasse ihnen den Spaß. Die Einnahmen aus meinen Werbedeals betragen mittlerweile vierzig Prozent meines Gesamteinkommens.

Ich habe auch dauernd Anfragen für Vorträge und Seminare. Meist kommen sie aus der Privatwirtschaft. Vier-, fünfmal pro Jahr mache ich das für ein Honorar von 60.000 Euro. Mehr Termine lassen sich mit meinen anderen Verpflichtungen nicht in Einklang bringen.

Mein Marktwert war es auch, der mich 1981 eine verrückte Entscheidung treffen ließ: Ich wollte es noch einmal wissen und kehrte zurück in die Formel 1. Mich billig zu verkaufen kam nicht infrage. Mein Verhandlungspartner bei McLaren hieß Marlboro, und ich verlangte mehr Geld als je zuvor. Man könne gar nicht wissen, ob ich nach der zweijährigen Pause noch schnell genug sei, argumentierte Marlboro. »Allein mein Marktwert ist so viel wert«, entgegnete ich. «Zahlt mir einen Dollar fürs Fahren und den Rest für meinen Namen.« Wir einigten uns.

Es wurden die drei schwierigsten Jahre in der Formel 1, aber beim Großen Preis von Portugal in Estoril, am 21. Oktober 1984, wurde ich Zweiter hinter Alain Prost und zum dritten Mal Weltmeister.

GEGEN DEN STROM SCHWIMMEN

»Tu das Gegenteil von dem, was alle anderen für richtig halten. Damit bin ich immer gut gefahren.«

Gewinnen, der Beste sein, der Schnellste sein: das war die Welt, in der ich zehn Jahre lang gelebt hatte. Die Welt des Rennfahrens, die keine Grenzen kennt, der Wahnsinn schlechthin.

Fliegen ist genau das Gegenteil: Um sicher von A nach B zu kommen, musst du strengen Regeln folgen. Du bewegst dich in einem engen Korsett von Vorschriften und Sicherheit, kannst absolut nichts ausreizen.

Ich hatte das tausendmal geübt: Aus dem Rennauto aussteigen, ins Flugzeug rein, Schalter im Kopf umlegen, andere Welt.

Der entscheidende Unterschied zwischen dem Rennfahren und dem Fliegen liegt bei der Risikobereitschaft. Beim Rennen gehst du bewusst dieses Risiko ein. Wenn man so will, ist der Tod inbegriffen. Beim Fliegen gehst du niemals, unter keinen Umständen, auch nur das kleinste Risiko ein.

Ich habe mit diesem Gegensatz seit meiner Zeit bei Ferrari gelebt. Damals bin ich in einer Cessna Golden Eagle von Salzburg nach Bologna geflogen, um mir sechs Stunden Autofahrt zu ersparen – anfangs noch mit einem Piloten. Zwei Wochen nach Monza trat ich aber schon zur Flugprüfung an, kurz darauf machte ich auch den Schein für Zweimotorige. Als ich die Golden Eagle selber pilotieren konnte, war sie mir schon fad, ich wollte einen Jet.

Einen Lear Jet konnte ich mir nicht leisten, aber immerhin eine gebrauchte Citation um 300.000 Dollar, für die ich wieder einen Captain brauchte – ich hatte erst den Sichtflugschein. Von der Citation war ich so begeistert, dass ich Marathons mit ihr flog. Zum Grand Prix in Long Beach 1977 brauchten wir 23 Stunden und sieben Zwischenlandungen, Grönland inklusive. Marlene spielte Stewardess und servierte Schinkenbrote. In den USA wollte ich, dem das Lernen in der Schule so schwer gefallen war, gleich den Instrumenten-Flugschein machen, aber Ferrari beorderte mich kurzfristig nach Italien zurück. Also retour, diesmal mit sechs Stopps. Sinnvoll war das vielleicht nicht, ich hätte auch bequem in der ersten Klasse eines Passagierflugzeugs reisen können, aber es machte Spaß.

Auf solchen Flügen ging mir immer wieder die Gründung einer eigenen Fluglinie durch den Kopf. Denn eines hat sich wie ein roter Faden durch mein Leben gezogen: Gut sein kannst du nur dort, wo es dir Spaß macht (das Geld folgt dann schon).

Meine Airline sollte ganz anders sein als alles, was bis dahin existierte. Erstklassiges Service, Catering vom Feinsten, freundliche Gesichter. Der Name lag auf der Hand: Lauda Air. Es war klar, dass so ein Projekt mit tausend Problemen verbunden sein würde, die AUA hatte damals ja das Monopol fürs Fliegen in Österreich.

Ich habe nie verstanden, wie ein Monopol bzw. die schützende Hand der Republik den Erfolg einer Fluglinie garantieren sollte. Es hat ja auch, wie man heute weiß, nicht funktioniert. Ich habe mir gedacht: Warum kann ich als privater Unternehmer nicht fliegen? Gleiches Recht für alle! Was heute ganz normal ist und sowieso eines Tages gekommen wäre – freie Marktwirtschaft am Himmel –, dafür hat die Gründung der Lauda Air 1979 den Grundstein gelegt.

Ich konnte mir nicht vorstellen, dass die staatliche Fluglinie einem kleinen Privatunternehmen keine Lebenschance lassen würde. Zumal ich nur in Bereichen arbeiten wollte, die von der AUA ohnehin nicht abgedeckt wurden. Mit Fokker-Maschinen unterhalb, mit einer DC-10 oberhalb des AUA-Segments. Meiner Meinung nach konnten sie ganz gut nebeneinander existieren.

Die DC-10 kostete damals ein Vermögen. Ich wollte damit den Nordatlantik fliegen, mir schwebte als Ziel New York vor. Was einer der beiden Vorstandsvorsitzenden der AUA als Reaktion auf meine Pläne verkündete, klang wie eine gefährliche Drohung: »Jeder muss selbst wissen, welches unternehmerische Risiko er trägt«, erklärte Anton Heschgl, »ich bin der Auffassung, dass der österreichische Markt die Kapazität einer DC-10 nicht verträgt.«

Ernst Jürgen Ahrems, der Geschäftsführer der Düsseldorfer Chartergesellschaft LTU, meinte zu meiner geplanten Fluglinienendgründung: »Da gehören wirklich starke Nerven dazu.«

Ich aber fühlte mich wohl in der Rolle des Unternehmers, der gegen den Strom schwimmt. Mein Motto ist bis heute: Tu das Gegenteil von dem, was alle anderen sagen. Damit bin ich immer gut gefahren.

In diesem Strom, in dem alle schwimmen, will ich nicht mitschwimmen. Das ist mir einfach zu langweilig. Immer, wenn ich Menschen beobachte, die Dinge so machen wie alle anderen, denke ich mir: Das muss besser gehen! Und besser geht es nur, wenn du es anders machst.

Die Geschichte, wie der kleine Lauda zu einem Großraumflugzeug mit 300 Sitzplätzen kam, begann im Sommer 1979, als die Spritpreise noch niedrig waren und die Zinsen im Keller. Mein Verbindungsmann zu den McDonnell-Douglas-Werken hieß Pete Conrad, er war einer der ersten Amerikaner auf dem Mond. Ich kannte ihn von der Formel 1, Pete war ganz vernarrt in Rennautos. Und Vizepräsident von Douglas. Also flog ich zu ihm nach Long Beach.

Ich erinnere mich, dass ich damals, so wie jeden Tag, meine beige Schnürlsamthose trug, die ein Loch hatte. Marlene hatte darüber einen blauen Fisch aus Stoff nähen lassen, weil ich an der Hose hing.

»Ich will eine DC-10 kaufen«, sagte ich zu Pete.

Er runzelte die Stirn und sagte: »Das wird schwierig.« Douglas verkaufte Flugzeuge normalerweise nur mit staatlicher Absicherung. Immerhin kostete so ein Vogel vierzig Millionen Dollar, was damals fast 500 Millionen Schilling entsprach.

Da saß ich also mit meinem blauen Fisch auf der Schnürlsamthose und verhandelte über eine DC-10. Für eine Airline mit zwei müden Propellermaschinen war das ein atemberaubender Schritt. Ohne die Risikobereitschaft des Rennfahrers in mir hätte ich ihn wohl niemals gesetzt.

Pete vermittelte mir nach langem Hin und Her eine Option auf eine Maschine mit Auslieferung Ende 1980. Ich überwies eine Million Dollar, und unser Flieger wurde gebaut. Für den Rest auf die 40 Millionen Dollar des Kaufpreises wollte ich eine Finanzierung aufstellen. Sollte das nicht gelingen, konnte ich vom Kauf zurücktreten, nur die 300.000 Dollar für die Option würden verfallen. Es sah alles nach einem Super-Deal aus, denn die DC-10 wurde jedes Jahr um sechs Millionen Dollar teurer.

Im Frühjahr 1980 stieg der Spritpreis in gigantische Höhen, dazu kam der Zinsen-Boom. Der amerikanische Dollar setzte zu einem Steigflug an, während sich das Image der DC-10 nach einem dramatischen Unfall in Chicago auf dem Sinkflug befand.

Die Weltlage hatte sich zu meinen Ungunsten verändert. Nach zwei Jahren trat ich vom Kauf zurück, und 300.000 Dollar waren beim Teufel. Nicht aber die Million der Anzahlung. Durch den gestiegenen Dollarkurs war dieses Geld mittlerweile so viel wert, dass damit die verlorenen 300.000 gedeckt waren. Das Ganze erinnerte mich an meine abenteuerlichen ersten Geschäfte im Rennsport.

Unsere DC-10 mit dem Lauda-roten Schwanz stand dann noch zwei Jahre auf dem Gelände von McDonnell Douglas herum, bevor sie von FedEx gekauft und auf Cargo umgebaut wurde. Wahrscheinlich fliegt sie heute noch in der Weltgeschichte herum.

Am Beginn meiner Fliegerei hing ich also ganz schön in der Luft. Ich hatte ja Anfang 1979, kurz bevor ich am 23. April die Lauda Air gründete, nicht einmal eine Charter-Konzession. Vom österreichischen Verkehrsministerium hatte ich auch keine zu erwarten …

Da kam mir ein glücklicher Zufall zu Hilfe. Auf einem Flug zu Reifentests in Schweden war ein Co-Pilot eingeteilt, der normalerweise den Jet eines gewissen Herrn Hinteregger flog. Er erzählte mir ganz nebenbei, dass sein Chef mit dem Gedanken spiele, seine Flugkonzession zu verkaufen. Die Konzession war 15 Jahre alt und schon ein paarmal weiterverkauft worden. Sie berechtigte zum gewerblichen Bedarfsflugbetrieb von Flugzeugen mit bis zu 44 Plätzen. Das war meine Chance.

Hinteregger, ein smarter Wiener Autohändler, verlangte 5 Millionen Schilling. Das war wahnsinnig viel Geld – mein privates, selbst verdientes Geld. Viel zu viel, um nur ein Wischiwaschiunternehmen damit aufzuziehen. Aber es war meine einzige Möglichkeit, eine Fluglinie zu gründen.

Die erste Maschine meines Luftparks war eine kleine Fokker F 27 um 75 Millionen Schilling. Diese Größe war für Touristikunternehmen besonders interessant, denn 44 Leute finden sich schnell, mit denen man eine Fokker füllen kann. Meine Rechnung ging voll auf, die Flugstunden waren gleich ausverkauft.

Ein Bekannter, der im Flugzeughandel tätig war und den Austrian Airlines-Chef persönlich kannte, gab mir zu verstehen, dass ich mich aus diesem Business raushalten solle. »Im

Krieg wurden Leute, die nicht ins System passten, an die Wand gestellt«, sagte er allen Ernstes. »Heute ist das anders. Leute, die wir nicht wollen, ruinieren wir wirtschaftlich.« Ich glaubte, der Mann rede Blödsinn.

Im Sommer 1979 wollte ich dann eine zweite F 27 kaufen und durchforstete den Markt. Bei Fokker hatte man mich mit einer Wartezeit von rund drei Jahren vertröstet. Viel zu lange für mich – ich hatte schon Verträge mit Reiseveranstaltern abgeschlossen, die mir die Auslastung beider Maschinen garantierten.

Ich fand Fokker-Maschinen in Teheran und Südkorea, aber außer langwierigen Verhandlungen ergab sich da nichts. Schließlich schilderte ich den Fokker-Werken in Amsterdam meine brenzlige Lage. Sie boten mir ein Demonstrationsflugzeug für 69 Millionen Schilling an. Es war für Angola bestimmt gewesen, die Auftraggeber waren im letzten Moment abgesprungen.

Auf einen Schlag hatte sich Lauda Air verdoppelt. Da ich noch immer Rennen fuhr, schupfte Othmar Lenz den Laden. Mit den beiden Fokker flogen wir Charter-Passagiere für Reisebüros, hauptsächlich Club-Méditerranée- und Touropa-Gäste, ans Mittelmeer – nach Italien, Griechenland und ins damalige Jugoslawien. Unsere Strategie war simpel: der AUA aus dem Weg gehen.

Wir versuchten natürlich, Destinationen aufzubauen, die auch im Ganzjahresbetrieb Sinn machten. Da gab es erst einmal eine »Bedarfsprüfung«, und die wurde nach jenen Zahlen entschieden, die die AUA auf den Tisch legte. Als wir Venedig für den Charter aufbauten, richtete die AUA eine Linie ein und unterbot unsere Preise. Wir mussten Venedig einstellen, worauf auch Austrian die Destination wieder vom Flugplan strich.

Besonders Dr. Anton Heschgl hatte es sich zur Aufgabe gemacht, die Lauda Air zu bekämpfen. »Ich bin wie der Fuchs vorm Loch, und wenn Sie Ihre rote Kappe rausstrecken, dann hab' ich Sie!«, sagte er mir einmal geradeheraus.

»Können Sie mir einen Grund dafür nennen?«, wollte ich von ihm wissen. »Habe ich der AUA geschadet oder Sie persönlich beleidigt?«

»Nein«, sagte er, »ich will bloß nicht, dass Sie fliegen.

Wien-Klagenfurt war zum Beispiel eine unserer Traum-Destinationen. Die AUA hatte auf ihrem Flieger nur für zehn Leute Platz, er war immer überbucht und es gab null Service. Trotzdem bekamen wir keine Verkehrsrechte – eine offensichtliche Schikane des von AUA dominierten Verkehrsministeriums.

Der damalige Bundeskanzler Dr. Bruno Kreisky forderte mich oft als Pilot an, wenn er mit seiner Falcon 20 verreiste.

»Wie geht's denn, Herr Lauda?«, fragte er mich eines Tages.

»Schlecht, Herr Bundeskanzler«, sagte ich, »weil in Österreich alles niedergemurkst wird.«

Da berief Kreisky eine Sitzung ein. Anwesend waren Verkehrsminister Lausecker, Finanzminister Salcher, Austrian-Direktor Heschgl und meine Wenigkeit.

Kreisky sagte: »Wir haben schon den Porsche aus unserem Land vertrieben. Ich will nicht, dass das mit dem Lauda auch passiert. Gebt ihm eine Chance!« Man werde doch um Himmels willen eine vernünftige Regelung für meine zwei kleinen Fokker finden.

Es war sagenhaft, was dann für Schwachsinn verzapft wurde. Der AUA-Chef behauptete, die Fokker F-27 habe keine Druckkabinen und dürfe deshalb nicht nach Klagenfurt fliegen, was natürlich nicht stimmte.

Der Finanzminister fragte mich nach der Gesellschaftsform der Lauda Air.

»GmbH & Co. KG«, sagte ich.

»Dann haben sie eh kein Geld drinnen, lassen Sie sie doch einfach in Konkurs gehen.«

Der Verkehrsminister meinte dann noch, ich solle mich nicht aufpudeln, von 24 Ansuchen um Verkehrsrechte seien mir doch immerhin 18 bewilligt worden. Ich warf ein, dass gerade die sechs fehlenden den Unterschied ausmachten zwischen Überleben und Eingehen.

Kreisky wollte sich das Ganze nicht mehr länger anhören.

»Auf Wiedersehen, meine Herren, ich hoffe, Sie bringen diesen Murks bald in Ordnung«, knurrte er.

Mir wurde klar, wie klein und provinziell Österreich war und wie wenig Chance bestand, dass der »Murks« in Ordnung kommen würde.

Durch Indiskretion eines Beamten erfuhr ich, dass der Lauda Air »aus wirtschaftlichen Gründen« die Konzession entzogen werden sollte. Ich flog nach Mallorca, wo Bruno Kreisky Urlaub machte, und bekam sofort einen Termin. Kreisky bat dann den Verkehrsminister, das sehr sorgsam zu prüfen und ja keine Fehler zu machen. So nahe waren wir schon am Zusperren gewesen.

Natürlich war ich an den Verlusten, die wir mit den beiden Fokker einflogen, selber schuld. Wirtschaftliche Parameter können sich ändern, Gesetzmäßigkeiten eines Landes wie Österreich, seien sie noch so absurd, muss ein Unternehmer einkalkulieren. Wenn es schief läuft, dann muss er einen anderen Weg finden, schnell entscheiden, um Verluste abzufangen.

Ich verleaste meine zwei Fokker an Egypt Air, wir besorgten Wartung und stellten die Piloten. Für das sichere Sommergeschäft leasten wir eine weitere Fokker von der französischen Air Alsace. So blieben die Verluste in einem Rahmen, den ich selbst abdecken konnte. Immer wieder musste ich ein paar Millionen Schilling nachschießen, um die Banken ruhigzustellen. Manchmal dachte ich mir: Jetzt mach' ich Schluss mit dem ganzen Schmarren.

Gegen den Strom zu schwimmen bedeutet auch, viel Widerstand auszuhalten. Herbert Völker, mein journalistischer Wegbegleiter und Biograf, sagte damals zu mir: »Noch nie hat dich jemand als Verlierer angesehen, auch wenn du Rennen verloren hast oder eine ganze Weltmeisterschaft. Jetzt wäre es das erste Mal: Lauda als Verlierer. Ich tät' mir das gut überlegen.«

Er hatte recht. Außerdem hatte ich im Überleben schon sehr viel Übung ... Ich schoss noch einmal Geld zu, die Lauda Air existierte weiter und nahm schon bald den viel brutaleren Kampf gegen die AUA auf.

KAUFEN UND VERKAUFEN

»Du musst hart arbeiten und im richtigen Moment loslassen können. Wehmut ist sinnlos.«

An einem heißen Nachmittag im August 1984 kam es in der »Roten Bar« des Hotels Sacher zu einem legendären Treffen. Der österreichische Grieche Basile Varvaressos, der mit seiner Firma ITAS 70.000 Österreicher pro Jahr in die Ferien nach Griechenland schickte, der Geschäftsmann Hannes Nouza, der mit seiner »Avanti«-Kette die Lauda Air mit Kerosin belieferte, und ich schmiedeten einen Plan, wie wir das Monopol der AUA mit vereinten Kräften brechen würden. Es war Mariä Himmelfahrt, ich hatte endlich zwei mutige, kampfeslustige Mitstreiter gefunden.

Unser Ziel war es, die Konzessionserweiterung für Lauda Air durchzusetzen. Zu diesem Zweck gründeten wir zu gleichen Anteilen die Lauda Air Touristik AG. Varvaressos steuerte die Passagiere bei, Nouza den Billig-Sprit und ich die Flieger. Wir wollten natürlich nicht mit unseren kleinen Turbo-Props in die Schlacht ziehen, sondern mit zwei modernen Boeings 737.

Da die AUA mich schon karniefelt hatte, als ich ihr mit meinen kleinen Fokker-Bablern noch überhaupt keine Konkurrenz machte, lag die künftige Strategie für mich und auch für meine Partner auf der Hand: Konkurrenzkampf bis aufs Messer!

Der Zeitpunkt hätte nicht günstiger sein können: Drei Tage nach unserem Coup gewann ich den Großen Preis von Österreich, ging in der Formel 1-Weltmeisterschaft in Führung und kämpfte um meinen dritten WM-Titel. Die Zeitungen tauften mich »Niki Nazionale«, und als solcher ging ich in die Auseinandersetzung »David gegen Goliath«.

Die Wartezeit für eine neue Boeing betrug zwei Jahre, so lange konnten wir nicht warten. Als Überbrückung leasten wir zwei BAC 1-11, hatten aber bloß die Lizenz für Propellermaschinen mit 44 Sitzen. Unser Antrag auf Konzessionserweiterung ruhte in irgendeiner Schublade des Verkehrsministeriums und wurde einfach nicht bearbeitet.

Nachdem ich in Estoril zum dritten Mal Formel 1-Weltmeister geworden war, meldete sich Bundeskanzler Fred Sinowatz bei mir. Er würde mich gerne am Ballhausplatz empfangen, ob ich zu einem gemeinsamen Fototermin kommen könnte?

»Ich pfeif' auf die Politik, nach dem, was mir die AUA angetan hat«, war meine knappe Antwort.

Ich absolvierte dann doch den Höflichkeitsbesuch, wo mir übrigens der damalige ORF-Sportchef Teddy Podgorski über den Weg lief – er hatte mit dem Kanzler über seine Bewerbung zum Generalintendanten gesprochen –, und sagte zu Sinowatz: »Entweder, Herr Bundeskanzler, Sie geben mir endlich die Lizenz, die mir zusteht, oder ich gehe mit 100.000 Formel 1-Fans in die Hainburger Au und demonstriere gegen Ihr Kraftwerk.«

Fünfzig Kilometer östlich von Wien hatte sich der Streit zwischen Kraftwerks-Errichtern und Grünen zu einem politischen Machtkampf hochstilisiert, und 100.000 Gegner mehr wären für die Regierung noch unangenehmer gewesen. Mag sein, dass das politisches Lobbying war.

In Paris, wo die Siegerehrung der Formel 1-Weltmeisterschaft stattfand, erreichte mich zwei Tage später jedenfalls ein Anruf des damaligen Verkehrsministers Rudolf Streicher.

»Sie kriegen Ihre Lizenz, Herr Lauda.«

Ich dachte mir nur: Wenn das schon für einen dreifachen Weltmeister so schwierig ist, der sich selber alle Türen öffnet, dann hat ein kleiner Unternehmer in diesem Land doch null Chance.

Unser Wunsch-Flieger, die Boeing 737, kostete zwanzig Millionen Dollar. Wir fragten als erstes unsere Hausbank, die Erste Österreichische Spar-Casse. Den Kreditgremien wurde ein Papier zugespielt, in dem vor den Verlusten gewarnt wurde, die man sich mit der Anschaffung einer Boeing einhandeln würde. Der lange Schatten eines gewissen Herrn Heschgl machte sich wieder einmal bemerkbar.

Als nächstes fragten wir einfach Boeing. Wir bekamen eine Einladung, unser Projekt in London bei der Barclays Bank zu präsentieren. Als Barclays »Ja« sagte, stieg plötzlich auch »Die Erste« ein. Die Finanzierung war gebongt.

Bei den Verhandlungen um den Preis des Flugzeugs gelang mir dann noch ein kleiner Coup. Ich hatte vorher recherchiert, wie viel Rabatt die englische Chartergesellschaft Orion beim

Kauf ihrer 737 bekommen hatte. Dafür war ich extra in die East Midlands geflogen, um mit den Orion-Leuten zu reden. Erst wollten sie damit nicht herausrücken – Betriebsgeheimnis und solche Sachen – aber dann sahen sie ein, dass sie auch von mir in Zukunft Informationen bekommen könnten. Und nannten mir die Summe.

Mit dieser Zahl im Kopf ging ich in die Verhandlung. »Wie viel Diskont werden wir bekommen?«, fragte ich gleich.

»100.000, Herr Lauda.«

»Lächerlich. Schauen Sie einmal in die Orion-Verträge.«

Nach ein paar Wochen hatten wir uns auch auf den Orion-Discount hinaufgehandelt.

1985 trat ich endgültig vom Rennsport zurück, wurde Frontmann der Airline, kümmerte mich um jedes Detail. Ich habe ein hundertprozentiges Gespür für Details. Trotzdem hatte ich auch den großen Plan im Kopf. Ich wusste, dass wir nicht abhängig bleiben durften von den Charterkunden des Basile Varvaressos.

Ich tat das Logischste und schlug den Atlas auf. Wo würden wir der AUA so gut wie möglich aus dem Weg gehen können? Mein Blick fiel auf die Route Bangkok, Hongkong, Singapur und schließlich – Australien! Dort war die AUA noch nie gewesen und dort wollte sie auch gar nicht hin.

Das Problem war: Für Australien würden wir eine Boeing 767 benötigen, die damals siebzig Millionen Dollar kostete. Für die Finanzierung müssten wir die Verkehrsrechte für diese Route nachweisen. Um Verkehrsrechte für Australien und alle anderen Länder zu verhandeln, müssten wir eine Linienkonzession haben.

Unser Ansuchen um »Erweiterung des Unternehmensgegenstandes von Bedarfsflugunternehmen auf Fluglinien Unternehmen« hatten wir schon im Mai 1986 eingebracht. Die AUA lief Sturm und brachte beim Handelsgericht einen »Rekurs« ein, in dem sie sinngemäß darauf bestand, das einzige nationale Luftlinienunternehmen zu bleiben. Damit wollte sie lästige Konkurrenten wie zum Beispiel Lauda Air vom Himmel holen. Der Rekurs wurde vom Richter-Senat abgewiesen.

Im Juli 1986 wurde unsere erste Boeing 737-300 ausgeliefert. Alles computergesteuert, wir hatten mit ihr einen Flieger, der auch bei schlechten Sichtverhältnissen automatisch landen konnte. Das war eine Premiere.

Mit unseren beiden 737 flogen wir der AUA erstmals so richtig um die Ohren. Nonstop auf die Kanaren, während die AUA mit ihrer DC-9 in Madrid zwischenlanden musste. Außerdem boten wir auch auf Charterflügen Video und Audio an. Unsere Maschinen waren durchgestylt und blitzsauber, trugen Namen wie »Falco«, »John Lennon« und »Elvis Presley«. Unser Logo war ein roter Engel, unsere Stewardessen waren jung, gut aussehend und fröhlich und trugen keine altmodischen Kostüme, sondern Jeans und rote Kapperl wie ihr Chef. International gewann die Lauda Air einen Qualitätspreis nach dem anderen. Unser Motto lautete: Du musst einen besseren Preis und ein besseres Produkt liefern und die Kunden mit mehr Leistung überraschen.

Im Mai 1987 landete unsere Boeing 767 für die Australien-Strecke auf dem Wiener Flughafen. Nach einer Vorführung musste sie fürs Testprogramm noch einmal zurück nach Seattle. Unser Antrag auf Linienkonzession war seit 14 Monaten in der Warteschleife. Da platzte meinem Anwalt Werner Sporn der Kragen. Er brachte Säumnisbeschwerde beim Verwaltungsgerichtshof und einen Dringlichkeitsantrag ein. Drei Tage vor dem Ablauf der Frist erteilte der Herr Verkehrsminister Lauda Air gnädigkeitshalber doch noch die Linienkonzession.

Beinahe wäre unser Jungfernflug nach Australien geplatzt, denn es fehlten ein paar Unterlagen, die per Luftfracht von Seattle nach Canberra unterwegs waren.

Am Vorabend des Flugs rief ein australischer Beamter namens Moss bei mir an und sagte: »Herr Lauda, Sie können morgen nicht nach Australien fliegen, wir müssen Ihre Unterlagen erst prüfen.«

Ich war nicht bereit, mich auf so einen Blödsinn einzulassen. Was hätte ich mit meinen Passagieren machen sollen?

Deshalb sagte ich: »Passen Sie auf! Ich komme morgen. *And if you want, you can shoot me down.*«

Auf dem Flug war mir dann doch etwas mulmig. Ich machte eine Durchsage: »Ladies and Gentlemen, this is no commercial flight.« Dann schickte ich unsere Flugbegleiterinnen mit Vouchers durch die Reihen, die meine Passagiere für jeden anderen Flug einlösen konnten. Ich flog sie gratis nach Australien. Denn die Auflagen, um die es in den Unterlagen ging, galten nur für kommerzielle Flüge.

Sydney bereitete uns einen großartigen Empfang, ich hielt eine Rede und sagte: »Es ist leichter, dreimal Weltmeister zu werden, als nach Sydney zu fliegen.«

Am 23. August 1990 bekam Lauda Air eine weltweite Lizenz. Mit unseren fünf Flugzeugen flogen wir nach Phuket, Taipeh und Seoul, nach London, auf ein Dutzend griechische Inseln, nach Zypern, Spanien, die Kanaren, Mexiko und Jamaica.

Durch Golfkrieg und Weltwirtschaftskrise war das Klima im Luftgeschäft aber extrem rau geworden. Mir war schon länger klar gewesen, dass ich die Lauda Air in eine Allianz führen musste, um als kleine, kompakte Fluglinie auf dem Weltmarkt bestehen zu können. Logischer Partner war die Lufthansa, der die Allianz der AUA mit der Swissair ohnehin immer ein Dorn im Auge gewesen war. 1992 beteiligte sich Lufthansa mit 26,4 Prozent an der Lauda Air, 1994 stockte sie ihren Anteil auf 39,7 Prozent auf. Wir expandierten auf 1.200 Mitarbeiter, 19 Maschinen, 23 Linienrouten und fünfzig Charter-Destinationen.

Eines Tages meinte der damalige Lufthansa-Chef Jürgen Weber, dass es gescheiter wäre, Lauda Air und AUA gemeinsam in die Star Alliance zu führen, um die beiden österreichischen Unternehmen zu konsolidieren. Die Bekanntgabe der strategischen Partnerschaft zwischen Austrian Airlines, Lauda Air und Lufthansa erfolgte am 12. März 1997. Rückblickend gesehen hätte ich das niemals akzeptieren dürfen.

Es begann ein brutaler Schlagabtausch in den Chefetagen. Die AUA-Vorstände Herbert Bammer und Mario Rehulka haben unter meiner Popularität dermaßen gelitten, dass sie mich zum Frühstücksdirektor degradieren und die Lauda Air in Konkurs schicken wollten. Sie glaubten tatsächlich, mir Flugverbot erteilen zu können. Ich bin natürlich trotzdem geflogen – was interessiert mich so ein lächerlicher Machtkampf? – und wurde, als ich aus Miami kommend in Schwechat landete, mit Standing Ovations meiner Mitarbeiter begrüßt. In sämtlichen Tageszeitungen erschienen Fotos dieses Empfangs, was Bammer und Rehulka noch mehr giftete.

Den beiden Herren war es auch nicht zu blöd, mich bei der Staatsanwaltschaft anzuzeigen.

Ihr Anwalt war Ewald Weninger, der damals neben mir wohnte und immer ehrfürchtig grüßte: »Servus, Niki!«

Dieser Herr Weninger hatte den Auftrag der AUA angenommen, mir aktienrechtliche Verfehlungen nachzuweisen, in der Hoffnung, mir bei einer Übernahme meine Aktien nicht zahlen zu müssen.

Mir flatterte also eine Vorladung zur Einvernahme ins Haus, ich marschierte ganz allein ohne Anwalt zum Wiener Rennweg. Zwei Kriminalbeamte verhörten mich dort drei Stunden lang. Auch die Finanzpolizei war anwesend. Langer Rede kurzer Sinn: Jeder einzelne Punkt, den Weninger gegen mich aufgelistet hatte, war falsch, falsch und noch einmal falsch.

»Was sollen wir mit dem Scheiß machen?«, meinte schließlich einer der Beamten genervt und schickte mich heim. Die Ermittlungen wurden eingestellt.

Erst viel später habe ich die unglaubliche Vorgeschichte zu dieser Anzeige erfahren. Weninger hatte einen Sohn, der bei der

Lauda Air Regionaljet geflogen ist. Ein unauffälliger, normaler Pilot. Er wollte unbedingt auf die Boeing 737 kommen, unser Flugbetriebsleiter erklärte ihm aber, dass dort im Moment keine Piloten gebraucht würden. Das hat mir, der sowas ja gar nicht entscheidet, der Vater nicht verziehen und sich von der AUA gegen mich hochfahren lassen.

Ich habe mich oft gefragt, ob ich mit ein bisschen mehr Diplomatie besser gefahren wäre. Aber ich bin eben kein Diplomat, und im Nachhinein denke ich, dass alles nichts geholfen hätte. Hier sind einfach zwei Welten aufeinandergeprallt, die niemand zusammenführen kann.

Irgendwann war ich so genervt, dass ich meine Option auf den Verkauf meiner Anteile an die AUA zog und ausstieg. 15 Millionen, Aus, Ende. Ich hatte hart für meine Airline gearbeitet, aber ich konnte auch im richtigen Moment loslassen. Kaufen und verkaufen: Dabei dürfen Emotionen keine Rolle spielen. Wehmut ist sinnlos.

Die größte Lüge überhaupt ist, dass die Lauda Air ein Konkursfall gewesen sei und die AUA sie »retten« hätte müssen. Stimmt überhaupt nicht. Natürlich hat die Lauda Air Verluste gemacht. Wir haben Flieger verkauft und wieder zurückgeleast und so Verluste durch Werte ersetzt. So kamen etwa für zwei Boeings 767 wieder 400 Millionen Euro in die Kasse. Das waren aber alles ganz normale Prozesse.

Das im Vertrag festgehaltene dreijährige Konkurrenzverbot habe ich ausgesessen, und 2003 gründete ich die nächste Airline, wieder mit 22 Fliegern. Damals habe ich Peter Michaelis, dem

Chef der Staatsholding ÖIAG, zu der auch die AUA gehörte, eine Zusammenarbeit angeboten. Das hätte Sinn gemacht, da die AUA den Low-Cost-Bereich nicht abdeckte. Eine Woche später rief er mich an: »Der Kanzler hat gesagt, das geht auf keinen Fall. Da drehen die AUA-Betriebsräte alle am Stand durch.«

Wie blöd die von Anfang an alle waren! Die kaufen eine Airline, und statt die kostengünstigere Lauda aufzubauen und die AUA runterzufahren, haben sie genau das Gegenteil gemacht. Und obwohl der Staat der AUA noch 500 Millionen Euro nachgeschmissen hat, funktioniert sie bis heute nicht, aber das ist nicht mehr mein Kaffee.

Ich habe Bundeskanzler Werner Faymann einmal gefragt, ob er das Privatunternehmen Flyniki nicht auch fördern könnte? Er schaute mich an und fragte: »Wieso? Genauso wie wir in unsere, können Sie doch auch Geld in Ihre Airline schießen!«

»Mit dem Unterschied, dass es mein eigenes Geld ist, Herr Bundeskanzler«, habe ich gesagt, »nicht das der Steuerzahler.«

Von Flyniki habe ich mich 2011 getrennt. Es war genau der richtige Moment, an Air Berlin zu verkaufen. Wir waren immer profitabel geflogen, Air Berlin ging es zunehmend schlechter, da war das Angebot logisch.

Das Geld kommt immer in so Kurven. Die erste Kurve war das Rennfahren, die beiden anderen Kurven waren der Verkauf der Lauda Air und schließlich der Verkauf von Flyniki. Ich plane diese Kurven nicht. Auch der Verkauf meiner Airlines war nicht geplant, ich traf einfach die Entscheidung, im richtigen Moment loszulassen.

Vor vielen Jahren fuhr ich über die Autobahn in Richtung London, über mir ein Jumbo Jet der Qantas im Landeanflug auf Heathrow. Plötzlich ein ganz neutraler Moment, in dem etwas Neues begann. Aber so war das immer in meinem Leben. Was über viele Jahre eine Faszination ausgeübt hatte, verlor plötzlich seine Anziehungskraft. Der Gedanke an Langstreckenflüge erschien mir nur noch fad.

FREUNDE

»Mit Attila Dogudan teile ich eine Besessenheit für das scheinbar Unmögliche, und das in allerhöchster Qualität.«

Auf einen Typen wie Attila Dogudan hatte ich mein ganzes Leben lang gewartet. Wir begegneten einander 1987, um drei Uhr morgens in einer Wiener Diskothek. Ich suchte damals gerade einen neuen Caterer für meine Airline, er führte mit seinem türkischen Vater das Edelfischlokal Kervanseray in der Wiener Innenstadt. Ich erkannte sofort, dass dieser Mann mich perfekt ergänzen würde, unsere Chemie stimmte vom ersten Moment an. Auch er war ein leidlich begabter Schüler gewesen wie ich, später verkrachter Wirtschaftsstudent. Auch er perfektionierte das, was er am besten konnte: Nahrungsmittel verarbeiten. Auch er hatte sich für den steinigen Weg entschieden. Seine Vision: Er wollte ein Unternehmen gründen, mit dem er eines Tages eine Milliarde Schilling Umsatz machen würde. Auf die Frage, was er sehe, wenn er morgens in den Spiegel schaue, antwortete Attila Dogudan einmal: »Einen Typen, der sich selbst ständig infrage stellt.«

Attila wurde schnell mein wichtigster Mitarbeiter und Wegbegleiter. Uns verbindet, dass wir beide sofort das Problem erkennen, es kurz analysieren, rasch entscheiden, wie die Lösung auszusehen hat, und die Maßnahmen dann konsequent durchziehen. Vor allem aber teilen wir eine Besessenheit für das scheinbar Unmögliche, und das in allerhöchster Qualität. Die wollte ich meinen Fluggästen bieten, vom Cappuccino in der Porzellantasse über frisch aufgebackene Wachauer bis hin zum Original Wiener Schnitzel in einer Höhe von 30.000 Fuß.

Am nächsten Morgen tauchte ich in der Kervanseray auf und zeigte ihm einen Folder der Lauda Air mit Szenen vom Bordservice. »Können Sie sowas?« Er verstand mich zuerst falsch und dachte, ich suchte seinen Rat. »Nein«, sagte ich, »Sie sollen das Essen liefern. In der Qualität Ihres Feinkostladens hier. Sagen wir in zwei Wochen.« Er hatte an ein halbes Jahr Vorlaufzeit gedacht, sagte aber, um mich nicht gleich zu verschrecken: »Vier Wochen.« Wir einigten uns auf drei.

Attila ist zehn Jahre jünger als ich, war damals also 28. Er wurde in Istanbul geboren. Vater Türke, Mutter Wienerin. Er sagt von sich selber, er sei im Kochtopf aufgewachsen. Von seinem Vater bekam er einen unglaublich hohen Anspruch an die Gastronomie mit auf den Weg. Damit kochte er sein Unternehmen in nur drei Jahrzehnten hoch: vom kleinen Gormet-Restaurant in der Wiener Innenstadt zum global agierenden Gastronomie-Konzern mit einem Börsewert von mehr als 800 Millionen Euro.

Am Anfang war sagenhafte Improvisation nötig, um mit seinem kleinen Partyservice den Flieger zu beliefern. Zuerst eine Maschine, dann auch die zweite. Und so wie die Lauda Air wuchs, wurde auch Dogudans Catering-Betrieb immer größer. Heute verkauft Attila jährlich hundert Millionen Essen.

Attila begann seinen Job damit, sich in Flugzeuge zu setzen und die Passagiere zu beobachten. Ihren Gesichtsausdruck, wenn die Stewardess ihnen das Plastiktablett mit dem zugeschweißten Essen hinknallte. Ihre Resignation, wenn sie statt eines anständigen Kaffees eine undefinierbare braune Flüssigkeit im Pappbecher serviert bekamen, mit Haltbar-Kondensmilch in den kleinen Tabs, die beim Aufreißen spritzten. Er erfand die weiße Stoffserviette, in die das Besteck verpackt war wie ein Geschenk, mit einer roten Schleife rundherum. Er tüftelte wochenlang an einem echten Cappuccino mit Milchschaum. In seiner Firmenzentrale in Wien-Simmering richtete er eine Versuchsküche – eine Art Labor – ein, wo er Kabinendruck, Höhe, Temperatur und die speziellen Bedingungen an Bord simulierte.

Wir beide haben uns gegenseitig mit verrückten Ideen für ein unverwechselbares Catering übertroffen und auch immer wieder auf den Boden zurückgeholt. Dabei führten wir natürlich endlose Diskussionen. Attila war nie betriebsblind, er hatte ein untrügliches Gespür für das Richtige.

»Wir fliegen seit drei Jahren mit dem gleichen Frühstück!«, warf ich ihm eines Tages vor.

»Was isst du zum Frühstück?«, entgegnete er. »Jeden Tag etwas Anderes oder immer das Gleiche?«

Ich musste zugeben: »Immer das Gleiche.« Also wusste ich: Wenn Menschen eine Gewohnheit haben und wir treffen diese

Gewohnheit zu 80 Prozent im Flieger, dann liegen wir richtig.

Bei Snacks wiederum war Abwechslung gefragt. Für unsere Strecke nach Innsbruck erfand Attila Sandwiches und Schnittlauchbrote, alles von ihm perfekt entwickelt und damals einzigartig.

Auf die Spitze trieben wir es mit dem Wiener Schnitzel. Meine Idee und meine Logik war: Wenn ich während meines Urlaubs dauernd diesen depperten griechischen Salat mit Schafkäse essen muss, dann freue ich mich über nichts mehr, als wenn es auf dem Heimflug mit der Lauda Air ein »Original Wiener Schnitzel« gibt. Also hauchdünn geklopftes Kalbfleisch mit einer Panier, die die Farbe einer Stradivari-Geige hat, knusprig in Schweineschmalz herausgebacken und mit Wellen. Ohne Wellen ist ein Schnitzel kein echtes Wiener Schnitzel.

Ich weiß nicht, wie, aber Attila hat das geschafft. Das Wiener Schnitzel wurde der Hit auf unseren Heimflügen – egal ob aus Griechenland, Hongkong oder Sydney. Es sorgte bei tausenden Passagieren für diesen Glücksmoment, sich wieder zu Hause zu fühlen.

In der Praxis bedeutete das, dass Attila auch seinen Köchen in Asien oder Australien beibringen musste, wie man Schnitzel paniert, sie im heißen Fett »souffliert«, damit sie ihre Wellen bekommen, und wie sich das Öl nicht in der Panier festsaugt. Diese Schnitzel in 30.000 Fuß Höhe so zu finalisieren, dass sie von einem frisch gebackenen Wiener Schnitzel praktisch nicht zu unterscheiden waren, diese Aufgabe schrieb sich Attila auf seine Fahnen.

Über uns beide gibt es eine Geschichte, die noch heute ab und zu erzählt wird: Ich soll Attila bei einer Zwischenlandung in Rhodos angerufen und mich beschwert haben, dass das Wiener Schnitzel nicht die richtige Farbe gehabt habe. Attila habe sich irrsinnig geärgert, mir aber Recht gegeben, ich war damals schließlich sein Nummer eins-Kunde. Seinen Mitarbeitern habe er gesagt: »Was seid ihr für Idioten? Jetzt hat wieder der Lauda angerufen, weil unser Schnitzel nicht perfekt war.«

So haben wir alles gemeinsam positiv umgesetzt.

Als wir dann Miami anflogen, fragte ich Attila: »Warum kann man eigentlich keine Spiegeleier machen?«

Sagt er: »Das geht nicht.«

Darauf ich: »Warum nicht? Wir haben einen Ofen und wir haben Porzellan. Warum haust du nicht die Eier hinein, wir stellen das Porzellan in den Ofen und schauen, was passiert.«

Attila verdrehte die Augen. »Also gut, probieren wir's.«

Für die Test-Spiegeleier wählten wir einen Kurzstreckenflug aus, irgend so eine Charterdestination auf der 737. Als wir unsere Flughöhe erreichten, kamen die Eier in den Ofen. Gespanntes Warten. Als wir das Porzellan wieder rausholten, waren Spiegeleier drauf. Es hatte perfekt funktioniert.

Attila schulte die Flugbegleiter also auf die richtige Zubereitung von Spiegeleiern, wir wollten unsere neue Erfindung sofort einführen. Es gab das übliche Theater. »Da verbrennen wir uns die Finger« und so weiter. Schließlich waren wir startklar.

Und dann passierte es: Ich hob mit meiner 737 ab in Wien, die Spiegeleier kamen in den Ofen, und die Küche fing zu rauchen an. Die Flugbegleiterin wurde nervös und kam zu mir ins Cockpit: »Du, da raucht der Ofen!«

»Dann schau halt hinein, warum er raucht«, schlug ich vor. Es stellte sich heraus, dass zu viel Öl im Porzellan war. Beim Takeoff schwappte das Öl über und fing aufgrund der Hitze zu rauchen und zu stinken an.

Wir haben das analysiert und entschieden, dass das Spiegelei auf die Langstrecke kommt. Der Grund: eine 737 hebt zu steil ab, da rinnt das Olivenöl aus. Eine Triple Seven oder 767 ist schwerer und hebt sanfter ab. Da passiert dem Öl nichts.

Außerdem legten wir genau fest, wie viel Öl verwendet werden durfte. Mit solchen Dingen beschäftigten wir uns, genau deshalb hatten wir immer die Nase vorne. Es war eine Riesen-Hetz, mit Attila zu arbeiten.

Die letzten fünf Jahre verantwortete meine Ehefrau Birgit das gesamte Catering. Sie vereinbarte mit Attila, dass alle drei Monate ein Menü-Change gemacht wird. Ist ja klar: du kannst nicht immer die gleichen Sandwiches servieren. Diese drei Monate dehnte Attila immer wieder auf sechs Monate aus, weil er sich dachte: »Hurrah, hurrah, es fliegt eh.« Aber Birgit bestand auf den Änderungen.

Bei Cateringpräsentationen war ich immer persönlich anwesend. Attila war irrsinnig kreativ und übertraf sich regelmäßig selbst. Seine Kreationen widersprachen aber meistens meiner Logik. Ich selbst bin ein ganz einfacher Esser und beurteilte aus dieser Gewohnheit heraus, was wohl den meisten Menschen schmecken würde. Warum sollten die Passagiere in meinem Flieger einen ganz anderen, exklusiven Geschmack haben?

Diese Spitzenköche kriegen ja oft Ideen, die fürchterlich sind. »Das könnt ihr meinen Kunden nicht geben! Hörts auf mit diesen Extra-Spompanadln, die braucht kein Mensch«, erklärte ich, wenn sie wieder irgendwo Chili oder andere gewöhnungsbedürftige Geschmacksrichtungen in ein Bordgericht getan hatten. Dann ließ Attila ein paar Chili-Gerichte drauf, um die Probe aufs Exempel zu machen. Die hat dann wirklich keiner gegessen.

Ich habe auch regelmäßig mit Attila über Salat im Sandwich gestritten. Ich hasse das. »Tu den Salat raus aus dem Sandwich!«, bat ich ihn mit Nachdruck, »glaub' mir, die Kunden wollen lieber mehr Schinken oder Käse.« Dann trimmte Attila unsere Sandwiches wieder mehr auf simpel.

Was die Preise betrifft, war es mit Attila immer hart und mühsam. Sein Motto lautete: Entweder musst du der Beste oder der Billigste sein auf dem Markt. Meiner Meinung nach musst du beides sein. Der Beste und der Billigste. Er lieferte zweifellos allerhöchste Qualität und sagte deshalb: »Ich geh' mit dem Preis nicht weiter runter. Aus. Fertig.«

Wir haben uns irgendwo auf halbem Weg getroffen, und letztendlich hat es sich für beide immer ausgezahlt.

Attila Dogudan beschäftigt heute 9.000 Mitarbeiter in 20 Ländern, rund sechzig Airlines lassen ihre Bordmenüs mittlerweile von Do & Co zubereiten. Dieser gigantische Erfolg hat einst mit der Lauda Air begonnen. Mittlerweile hat sich Attila mit seinem Imperium zum weltweit größten Caterer entwickelt.

Ist Attila Dogudan mein Freund? Ich will jetzt nichts Falsches mehr sagen. Meine Wahrnehmung von Freundschaften rundherum ist, dass sich da Menschen am Abend treffen und sich stundenlang ihre Sorgen erzählen. Der einzige Mensch, der manchmal Sorgen von mir wahrnimmt, ist Birgit – manchmal pfeift sie mir auch was! Ansonsten versuche ich für alles selbst Lösungen zu finden. Freunde im klassischen Sinn hatte ich nie, ich war immer ein Einzelkämpfer. Wer hätte mich als Rennfahrer beraten sollen? Bevor mir einer einen Rat geben kann, bin ich schon zwei Schritte weiter.

Ich würde Attila eher als langjährigen Wegbegleiter bezeichnen. Wäre er wirklich mein Freund, müsste er das Telefon abheben. Es hat mich wahnsinnig gemacht, dass er oft tagelang nicht erreichbar war.

Es gibt Telefonmenschen, zu denen ich zähle, und es gibt die anderen, zu denen zählt Attila. Die heben nie ab, lassen ihr Telefon immer irgendwo liegen und rufen auch nicht zurück. Meine Telefondisziplin ist gefürchtet. Ich hebe immer das Handy ab, selbst wenn irgendein Vollidiot anruft. Warum? Weil es dann erledigt ist. Denn sonst ruft dieser Mensch ja wieder an und kostet mich noch mehr Zeit und Nerven. Ich nutze die Vorteile des Handys, weil ich damit ganz schnell ein Problem erledigen kann. Was ich nicht verstehe: wenn jemand ein Handy hat und es dann nicht abhebt.

Als es zwischen Attila und mir unsere Arbeitsbeziehung gab, konnte ich diese Unart noch etwas beeinflussen. Wenn er nicht abhob, schrieb ich ihm ein SMS: »Ich cancel das gesamte Catering, wenn du nicht in fünf Minuten anrufst.« Da hat er dann natürlich sofort zurückgerufen. Überhaupt hat sich seine Telefondisziplin in den letzten Jahren etwas gebessert. Obwohl wir heute geschäftlich unabhängig voneinander sind, telefonieren wir noch immer oft miteinander. Attila bleibt ein wichtiger Mensch in meinem Leben.

Ich glaube, wir zwei haben so etwas wie den Prototyp einer erfolgreichen geschäftlichen Symbiose geschaffen. Ohne das fantastische Do & Co-Essen wäre die Lauda Air nie so bekannt geworden, ohne die Lauda Air hätte Attila den Konzern nie zu seiner heutigen Größe expandieren können.

AN MEINEN GRENZEN

»99 Prozent aller Dinge hat der Mensch in der Hand. Ich habe auch dieses eine Prozent kennen gelernt.«

Ist der 26. Mai ein denkwürdiger Tag für mich? Ja. An diesem Sonntag im Jahr 1991 stürzte eine Boeing 767 der Lauda Air über dem Dschungel von Thailand ab.

Es war 22 Uhr, ich war gerade nach Hause gekommen und wollte mich früh schlafen legen. Da klingelte mein Telefon, Danielle Spera vom aktuellen Dienst des ORF war am anderen Ende der Leitung. »Herr Lauda, wir haben eine Meldung herein bekommen, wonach Flug NG4 von Bangkok nach Wien abgestürzt sein soll. Es gibt aber noch keine offizielle Bestätigung.« »Das muss ein Irrtum sein«, sagte ich, »es kann nicht sein. Das ist unmöglich.«

Ein paar Jahre zuvor hatte mich ein Journalist beim Abendessen aufgestöbert. Er habe eine Meldung herein bekommen, wonach ich mit dem Auto tödlich verunglückt sei. Daran dachte ich in dem Moment. Das war sicher wieder so ein Blödsinn.

Ich rief in unserem Büro am Flughafen an und fragte, ob die LAV plangemäß unterwegs sei. LAV war das amtliche Kennzeichen jener Boeing 767-300-ER, die der damalige Wiener Bürgermeister Dr. Helmut Zilk im Oktober 1989 auf den melodisch klingenden Namen »Mozart« getauft hatte. Unser Dispatcher erwiderte, ihm sei nichts Gegenteiliges bekannt. »Kontaktiert sie«, sagte ich. Und dann konnten wir die Maschine nicht mehr erreichen.

Um 22 Uhr 57 die erste Meldung der APA: »Ein österreichisches Verkehrsflugzeug ist am späten Sonntagabend in der Luft über Thailand explodiert.« Der Österreichische Rundfunk unterbrach sein Programm für eine Sondersendung. Hans Georg Heinke las die Meldung vor, dass eine Maschine der Lauda Air kurz nach dem Start in Bangkok nahe der Grenze zu Burma, etwa 5,6 km von der thailändischen Ortschaft Phu Toey entfernt, im Dschungel abgestürzt sei.

Ich setzte mich ins Auto und fuhr hinaus zum Flughafen. Fragen schossen wie Pfeile durch meinen Kopf, das »Warum?« erdrückte jede andere Regung. Das Lauda-Büro war bereits voll. Viele Mitarbeiter hatten sich mitten in der Nacht automatisch eingefunden, als sei das selbstverständlich.

Inzwischen war auch die bestätigte Meldung aus Thailand da: »Flugzeugabsturz der Lauda Air mit der Flugnummer NG4, 223 Opfer, 213 Passagiere, zehn Crew-Mitglieder. Es soll keine Überlebenden geben.«

Irgendwie schafften wir es, einen Notfallplan zu skizzieren, nach dem wir vorgehen wollten. Von einer Sekunde auf die andere hatte alles eine ungeheure Beschleunigung bekommen, für Diskussionen blieb keine Zeit. Es waren auch schon

Journalisten am Flughafen, und es riefen Angehörige an. Alle Leitungen waren hoffnungslos überlastet. Die planmäßige Ankunftszeit der Maschine rückte näher.

Für mich war klar: Ich musste sofort nach Bangkok. Ich wollte an Ort und Stelle herausfinden, was dort unten wirklich passiert war. Erst dann, so sagte mir meine Logik, würden sich alle anderen Schritte ergeben. Sofort hinzufliegen war für mich die einzige Möglichkeit, mich an die Katastrophe heranzutasten, die mich in den nächsten Wochen und Monaten an meine Grenzen führen sollte – und für einige Momente auch darüber hinaus.

Um 5 Uhr morgens fuhr ich kurz nach Hause, packte ein paar Sachen zusammen, und fuhr um 6 Uhr 30 wieder zum Flughafen. Die schnellste Verbindung war mit KLM über Amsterdam. Abflug: 10 Uhr. Ein ganzer Trupp von Journalisten hatte sich ebenfalls auf den Flieger gebucht. Ich sagte ihnen alles, was ich wusste: Absturz, wahrscheinlich keine Überlebenden, Ursache ungeklärt. Meine Strategie lautete: bei den Fakten bleiben, auch wenn es bereits jede Menge Gerüchte gab. Zum Beispiel, dass eine Verwechslung mit einer United Airlines-Maschine vorliege, die gesprengt werden hätte sollen. Auch erste Anschuldigungen wurden laut: zu laxe Kontrollen und weiß der Teufel was für Geschichten.

In Bangkok warteten noch einmal fünfzig Journalisten und jede Menge Fernsehteams, ich war plötzlich auf eine nie zuvor erlebte Weise mittendrin. 223 Menschen waren tot, für die Medien war ich, Niki Lauda, der Katastrophenmensch.

Später, an der Absturzstelle im Dschungel, plötzlich der Anblick von zerfetzten Leichen und tausenden Flugzeugteilen, die über sechs Kilometer verstreut lagen. Ich werde das mein Leben lang nicht vergessen.

Ich hatte immer einen irren Glauben an die Technik gehabt, Flugzeuge waren für mich das sicherste Verkehrsmittel überhaupt. Und dann lagen die Trümmer eines meiner Flugzeuge weiter verstreut als nach der Katastrophe von Lockerbie, wofür es nur eine Erklärung gab: Die Maschine musste, nachdem sie fast Schallgeschwindigkeit erreicht hatte, in der Luft auseinandergebrochen sein.

Die Boeing 767 war damals seit neun Jahren ein bewährter Flugzeug-Typ ohne ein einziges Unglück. Die »Mozart« war erst vor eineinhalb Jahren ausgeliefert worden, hatte exakt 7.444 Flugstunden und 1.135 »Cycles« auf dem Buckel.

Bis zum damaligen Zeitpunkt war meine These, dass der Absturz einer Passagiermaschine dieses Formats eigentlich nur durch menschliches Versagen zustande kommen kann. Ich glaubte an die sich gegenseitig kontrollierenden Sicherheitssysteme, die keine Möglichkeit des Totalversagens zulassen.

Aus dieser Logik zog ich den Schluss, dass so ein Flugzeug nicht runterfliegen kann, solang der Mensch da oben das tut, was er gelernt hat. Warum sollte gerade meine Crew, der erfahrene Pilot Thomas Welch mit 11.750 Flugstunden und der österreichische Co-Pilot Josef Thurner mit 6.500 Flugstunden, etwas anderes gemacht haben? Alles in mir war zugeschüttet von diesem Nicht-Verstehen.

»Rastplatz der Elefanten«– so nannten die Thai die 300 Meter hohen Hügel, über denen die »Mozart« abgestürzt war. Die Fahrt durch ein riesiges Gebiet mit Reisfeldern bei dreißig Grad Hitze und neunzig Prozent Luftfeuchtigkeit hatte drei Stunden gedauert. Ich trug noch immer die Kleidung aus dem Flugzeug und war total unvorbereitet auf das, was mich dort erwartete. Der Chef des Thai Aviation Departments stellte sich bei mir vor: »*My name is General Sisruk Chamkarangsuk.*« Als die Hügel vor uns am Horizont auftauchten, erblickte ich die ersten Gegenstände aus der Maschine: Teile vom Cateringbesteck, Koffer, Sitzbezüge, Polster, Flaschen aus der Bordbar, Souvenirs, kleine Blechteile, die, je näher wir dem Such- und Aufräum-Camp kamen, immer größer wurden. Und bis zur Unkenntlichkeit verstümmelte und verbrannte Leichen oder Leichenteile. Kapitän Welch hing noch angeschnallt in seinem Sitz. Der Leichengeruch wurde immer intensiver, ich hatte nicht einmal eine Atemschutzmaske mit.

Dazwischen Thais, die eigentlich bei der Bergung der Leichen helfen sollten. Vor den Augen der Polizisten und Soldaten, die die Trümmer bewachten, stahlen sie den Toten Bargeld, Uhren und Schmuck. Es war unerträglich. Niemand konnte diesen Leuten Einhalt gebieten.

»Der erschöpfte Niki Lauda wirkte mit seiner schmutzverschmierten Kleidung und seinen von einem Rennunfall herrührenden Brandnarben am Kopf fast wie der einzige Überlebende des Unglücks«, schrieb der *Spiegel* damals über den Lokalaugenschein an der Absturzstelle. Tatsächlich hat mich dieser

Flugzeugabsturz unvergleichlich tiefer getroffen als mein Unfall am Nürburgring. Die eine Katastrophe in meinem Leben hatte in keiner Phase das Erdrückende dieser anderen, nicht vergleichbaren, viel größeren Katastrophe.

Warum? Der Feuerunfall war mein Leben und mein Risiko und meine Herausforderung. Der Flugzeugabsturz war die Verantwortung für 223 Passagiere, die guten Glaubens von A nach B fliegen wollten und nie ankamen. Diese Verantwortung war fürchterlich, der ganze Druck lastete auf mir. Aber wer, wenn nicht der Chef der Fluglinie, hätte sie tragen sollen?

Als wir im Hubschrauber zurück nach Bangkok flogen, fragte ich General Sisruk, wie es nun weitergehen sollte. In drei bis vier Wochen würden *Flight Data-* und *Voice Recorder* ausgewertet sein. Drei bis vier Wochen? Ich rastete aus. »Ist Ihnen klar, dass in drei bis vier Wochen Hunderte 767 auf der ganzen Welt herumjetten und vom gleichen Defekt betroffen sein könnten, der unsere Maschine vom Himmel geholt hat? Übernehmen Sie die Verantwortung?« Der General verstand. Er schickte die beiden Geräte blitzartig ins Labor des NTSB (National Transportation Safety Board) in Washington, wo sie drei Tage später ankamen.

Der Trip nach Bangkok hatte mich keinen Schritt weiter gebracht, er hatte mir nur das unbeschreibliche Ausmaß der Katastrophe deutlich gemacht. Bei meiner Landung in Frankfurt sprang mir die Schlagzeile der *Bild* Zeitung ins Auge: »Niki Lauda – zieht dieser Mann das Unglück an?« Für mich war das alles nur zu ertragen, indem ich mich mit jeder Faser der einzigen Aufgabe widmete, die mich weiterbringen würde: restlose Aufklärung.

Auf dem Flug von Frankfurt nach Wien saß ein deutscher Geschäftsmann neben mir. Er schaute mir in die Augen und sagte: »Was Ihnen gerade widerfährt, ist sicher nicht lustig, aber irgendwie kommen Sie da schon durch.« Er stellte mir keine Fragen, er belästigte mich keine Sekunde, sondern sagte nur ganz nüchtern diesen einen Satz. Dann steckte er seinen Kopf in eine Zeitung. Der Mann war mein Lichtblick in dem ganzen Desaster.

Ich wusste schon damals, dass ich Schluss machen würde, wenn sich herausstellen sollte, dass zum Beispiel der Pilot einen Fehler gemacht hätte. Dann wäre es ja unmöglich für mich gewesen, diese Verantwortung noch länger zu tragen. Es war eine ganz klare Entscheidung, die ich getroffen hatte: Wenn ich in irgendeiner Weise schuld bin am Tod dieser Menschen, dann kann ich keine Airline mehr führen, dann höre ich mit dem Fliegen auf. Bis sich die Ursache des Unglücks herausstellte, musste ich allerdings noch viele Monate Verantwortung auf meinem Buckel tragen.

In dieser Zeit wurde es für Lauda Air sehr kritisch. Am verletzlichsten ist eine Airline beim Thema Sicherheit. Ein Absturz ist sicherheitstechnisch natürlich ein Supergau. Dazu kam, dass Medien munter mit der Bombenversion spekulierten. Vieles spreche für ein Attentat der Drogen-Mafia. Angeblich sei ein Drogenfahnder der UNO an Bord gewesen, seinetwegen habe man die Maschine mit einer Bombe runtergeholt. Es war mühsam, den Journalisten zu erklären, dass das alles nur Gerüchte waren, dass wir zuerst die Fakten finden müssten.

In der Schule, erzählte mir mein Sohn Lukas damals, kursierten bereits die ersten bösen Witze. »Liebst du deine Frau nicht mehr, dann schick' sie mit der Lauda Air.«

Das Fehlen einer Boeing warf den Flugbetrieb der Lauda Air in ihrer damaligen Dimension ziemlich über den Haufen. Es war gerade Fernreise-Hochsaison, wir mussten deshalb um sehr viel Geld Sub-Charter einkaufen, denn für eine neue 767 hätte die Wartezeit mindestens ein Jahr betragen. Nicht alle Passagiere schreckte der Absturz ab, aber viele stornierten auch ihre Flüge.

Insgesamt verloren wir durch die Unklarheit nach dem Absturz sechzig Prozent unserer Passagiere, was sich natürlich auch auf den Bilanzgewinn von damals 4,5 Millionen Schilling niederschlug. Denn trotz Belastung durch die Golfkrise, die bereits 1990 deutliche Umsatzeinbußen verursacht hatte, schloss Lauda Air das Geschäftsjahr 1989/90 mit einem kräftigen Umsatzplus von 1,6 Milliarden Schilling, einem Passagier-Plus um 28 Prozent auf 460.000 und einer Auslastung der Flugzeuge von 75,2 Prozent.

276.000 Passagiere weniger: Das geht an die Substanz. Ich musste alle Hebel in Bewegung setzen, damit die Airline finanziell überlebt.

Acht Tage nach dem Absturz flog ich nach Washington, wo die Untersuchung von *Flight Data-* und *Voice Recorder* stattfinden sollte. Ich hatte in den Tagen seit dem Unglück kaum geschlafen und war total erschöpft. Auf dem John F. Kennedy-Flughafen in New York fiel ich das erste Mal in meinem Leben in ein tiefes, schwarzes Loch. Mein Weiterflug nach Washington war nicht bestätigt, der Mann am Pan-Am-Schalter sagte: »*Stand By!*«

Ich konnte nicht mehr. Ich setzte mich in die Halle und dachte: Hier bleibst du jetzt einfach sitzen. Mir war alles egal, ich war fast ohnmächtig. Nach Stunden tauchte ein Pan-Am-Mitarbeiter auf, man hatte mich, den *Airplane-Crash*-Lauda, erkannt, und buchte mich auf eine Dash 8, die wegen *Thunderstorms* vier Stunden lang nicht starten konnte. Um 3 Uhr morgens landete ich in Washington. Ich war tot.

Es folgten mühsame Meetings, die meine Geduld aufs Äußerste strapazierten. Boeing machte es mir in jener Zeit nicht leicht. Es dauerte acht Monate, bis der Flugsimulator in Seattle mit allen relevanten Daten gefüttert war. Als sich klar abzeichnete, dass auf Flug NG4 die Schubumkehr ausgefahren war, jenes Verfahren, das ein Flugzeug abbremst, vergleichbar mit dem Rückwärtsgang beim Auto, wollte Boeing die Ermittlungen in aller Stille weiterführen, sich mit allen Beteiligten arrangieren und nach vielen Monaten einen Endbericht herausgeben. Am liebsten hätten sie der Lauda Air auch noch eine Informationssperre verhängt. Doch da spielte ich nicht mit.

»Seid ihr verrückt?«, fragte ich. »Jetzt habe ich acht Monate die Schuld auf mir herumtragen müssen, die Schuld am Tod von 223 Menschen, und ihr erklärt mir, dass ihr das jetzt nicht publizieren könnt, sondern noch rechtlich prüfen müsst?« Darauf die

Boeing-Obersten: »Das ist das normale Procedere, Herr Lauda, und das haben Sie zu respektieren.«

Ich hatte mir nie eine große Zurückhaltung gegenüber Boeing und den Behörden auferlegt. Also fiel mir meine Antwort ganz leicht: »Entweder ich kriege meine Erklärung, oder ich mache jetzt sofort eine Pressekonferenz. Dort verlange ich, dass eine Boeing 767 aufsteigt, mit zwei Piloten drinnen, die auf 11.000 Fuß die linke Schubumkehr raushauen. Dann könnt ihr der ganzen Welt demonstrieren, ob der Flieger oben bleibt oder runterfällt. Ich verlange das im Namen aller Passagiere, die gerade mit solchen Fliegern irgendwo auf der Welt unterwegs sind.« Totenstille. Ich drehte mich um und ging ins Hotel. Da rannten mir die Boeing-Leute nach: »Wir könnten versuchen, einen Zwischenbericht herauszugeben ...«

»Bis morgen«, stellte ich klar. Ich gab ihnen genau 24 Stunden Zeit.

Da ging's plötzlich. Boeing hat das Schubumkehr-Problem bekannt gegeben und musste in der Folge alle Flugzeuge modifizieren, weltweit. Im Schreiben der Federal Aviation Administration (Bundesluftfahrtbehörde der Vereinigten Staaten) vom 11. September 1991 heißt es: »Die Boeing Company stimmt der Notwendigkeit zu, den Sicherheitsstandard von Schubumkehrsystemen anzuheben und hat gemeinsam mit der FAA eine Überprüfung all ihrer Schubumkehrinstallationen erstellt. Sie beinhaltet die Konstruktionsphilosophie des Systems und Konstruktionsdetails. Diese Überprüfung beginnt natürlich mit der 767 aus Anlass des jüngsten Unfalls.«

Man kann von Glück reden, dass in den acht Monaten keine andere Maschine abgestürzt ist. Natürlich war es unmöglich, sofort 2.000 Boeing-Maschinen zu grounden, weil man ja am Anfang nicht wusste, was die Absturzursache war. Aber dadurch, dass die Auswertung der Ermittlungsergebnisse so lange gedauert hat, sind 2.000 Flieger acht Monate lang weiter geflogen – mit dem gleichen Problem. Auch für die Angehörigen der Todesopfer war diese lange Wartezeit eine unerträgliche Situation. Ich wollte immer, dass die Menschen verstehen, warum sie ihre Angehörigen verloren haben. Dass klar gesagt wird, was passiert ist.

Für die Lauda Air war nach der Erklärung von Boeing die größte Krise ihres Bestehens Vergangenheit. Es fiel eine ungeheure Last von uns allen ab. Das Unglück hatte die besten Seiten an diesem Unternehmen hervorgebracht: unglaublichen Einsatz, Kraft ohne Ende, hundertprozentige Solidarität.

Wir waren auf gewaltige 500 Millionen Dollar versichert, weil auch Hongkong zu unseren Destinationen zählte, wo Landerechte nur mit dieser Deckungssumme erteilt wurden. Unser Schadensfall war mit 130 bis 150 Millionen Dollar angesetzt.

Die Angehörigen der Opfer wurden von Boeing entschädigt, damit hatte die Lauda Air nichts mehr zu tun. Darum haben sich Anwälte in Amerika mittels Sammelklagen gekümmert. Lauda Air konnte gegenüber Boeing jedoch keine Ansprüche geltend machen, das wird im Kaufvertrag der Maschinen ganz klar ausgeschlossen.

Rückblickend gesehen bin ich froh, dass ich alle Entscheidungen, die rund um den Absturz zu treffen waren, genau so getroffen habe. Verglichen mit den Regeln für optimales Krisenmanagement scheine ich instinktiv richtig gehandelt zu haben.

Als Chef Verantwortung übernehmen und das klar zeigen.

Einen Masterplan verfolgen. Mein Masterplan lautete: Aufklärung, Fakten finden, Gerüchte ignorieren!

Nicht zögern, sondern handeln!

Langfristig Reputation aufbauen. Dabei habe ich von meinem Vertrauensbonus als Pilot profitiert. Bei mir wissen die Leute: Der Niki Lauda versteht etwas vom Fliegen.

Und nicht zuletzt: Die eigene Persönlichkeit einbringen.

Ich war in jener Zeit für jeden Angehörigen der Todesopfer erreichbar. Etwa dreißig hatten den Wunsch, mit mir persönlich zu reden. Kein einziger ließ mich so etwas wie Feindseligkeit spüren, es ging immer nur um den ungeheuren Verlust und die Trauer. Manche dieser Gespräche waren in ihrer Intensität kaum zu ertragen.

In den Monaten nach dem Absturz traf ich immer irgendwo jemanden, der einen kannte, der im Flieger gesessen war. Das wird mein ganzes Leben lang so sein, dass es mir einen Stich ins Herz gibt, wenn ich erinnert werde an jemanden, der diesen Flug mit Lauda Air mit seinem Leben bezahlt hat.

Mich hat die Katastrophe gelehrt, dass der Mensch 99 Prozent aller Dinge in der Hand hat, aber ich habe auch dieses eine Prozent kennengelernt.

TEILEN

»Ich hab' ja nichts zu verschenken! Aber ich weiß sehr wohl, was ich zu tun habe, wenn jemand wirklich auf mich zählt.«

Mein 18 Monate jüngerer Bruder Florian ist Buddhist. Er ist der Geduldigere, Verträumtere, Stillere von uns beiden. Mit meinem Tempo wollte er nie mithalten, vielleicht war diese Lebensform für ihn ein Ausdruck davon. Wir waren schon in unserer Kindheit wie Feuer und Eis. Ich war vom Rennvirus infiziert, während Florian sich für Naturwissenschaften interessierte. Als ich von zuhause auszog, um mein eigenes Leben zu führen, trennten sich unsere Wege für sehr lange Zeit.

Viel später einmal setzte Florian sich zu mir ins Renncockpit. Er wollte wissen, was das für ein Gefühl ist, mit mehr als 300 Kilometern pro Stunde im Kreis zu fahren. Da drehte es ihm den Magen um, der Arme bekam keine Luft mehr.

Zwei Ereignisse haben uns wieder zusammengeführt. Mein Unfall am Nürburgring und der Tod unserer Mutter. Als ich in Mannheim auf der Intensivstation lag, flog Florian mit unseren Eltern nach Deutschland und saß in einem grünen, keimfreien Mantel an meinem Krankenbett. Ich habe davon nichts mitbekommen. Aber er soll mich gefragt haben: »Niki, was machst du für Sachen?«

Als 1996 unsere Mutter an Krebs starb, wechselten wir uns an ihrem Krankenbett ab. Florian hatte bis zuletzt in unserer Villa in Pötzleinsdorf gewohnt, während ich mit 19 schon ausgezogen war. Obwohl ich meine Mutter nicht mehr sehr oft gesehen hatte, bestand immer eine Zuneigung und Bindung, vielleicht war es auch ein Rest von Sehnsucht nach Familie.

Als sich meine Nierenwerte 1997 als Folge der Lungenverätzung, die ich mir beim Unfall am Nürburgring zugezogen hatte, rapid verschlechterten, tat ich das Naheliegendste. Ich fragte meinen Bruder bei einem unserer sporadischen gemeinsamen Abendessen, ob er mir eine Niere spenden würde. Florian wollte, obwohl es für ihn eigentlich klar war, eine Woche Bedenkzeit. Für mich war das kein Problem. Er musste sich einfach innerlich auf diese Situation vorbereiten, persönliche Dinge regeln, ich glaube, er hat sogar ein Testament gemacht. Ich bin Florian hundertprozentig dankbar für das, was er getan hat. Er lebt jetzt mit einer Niere und ich hatte plötzlich drei. Florian war schlicht und einfach mein Lebensretter. Aber ich habe nicht das Gefühl, dass ich ihm deshalb etwas schuldig wäre. Das geschah im gegenseitigen Einvernehmen.

Wir lagen damals Zimmer an Zimmer auf der Intensivstation des Wiener AKH. Die Zeitungen brachten Interviews und Porträts über uns. Ich glaube, er genoss die plötzliche Popularität auch ein bisschen, obwohl ihn die Journalisten in diesen Berichten stets in den »Schatten seines großen Bruders« stellten.

Als wir zwei Jahre später die Villa unserer Eltern am Fuß des Wiener Schafbergs verkauften, dachte ich über eine Aufteilung des Erlöses gar nicht lange nach. Einfach, weil ich damals sehr viel verdiente und Florian wenig.

Ich hab' ja nichts zu verschenken ... Diesen wirklich genialen Werbespruch der IngDiba Bank hatte es damals noch gar nicht gegeben. Mittlerweile wird er mir, dem öffentlichen wie auch dem privaten Menschen Niki Lauda, voll zugeschrieben. Ist okay! Ich mochte diese augenzwinkernden Werbespots, vor allem die Szene am Check-in-Schalter des Flughafens, wo sie mir für ein paar Kilo Übergepäck noch extra Geld abknöpfen wollen. Ich hole deshalb – nicht blöd! – sämtliche Jacken und Mäntel aus dem Koffer, zieh' sie mir schell drüber und grinse am Ende dick vermummt und mit leichterem Gepäck in die Kamera. Die Botschaft lautete: Ätsch. Ich tappe sicher nicht in eure Kostenfalle! Ich weiß was Besseres mit meinem Geld anzufangen. Dass dahinter eine moderne, europaweit erfolgreiche Bank mit schlanker Struktur stand, ist für mich der Hauptgrund, warum ich voll hinter dieser Werbung stand. Das Start-Up der IngDiBa erinnerte mich von Anfang an an die Lauda Air in ihrer Gründungsphase.

Ich hab' ja nichts zu verschenken ... Das gilt natürlich nicht, wenn es um Menschen geht, die wirklich arm sind. Vor allem Kinder können ja gar nichts für ihre Situation. Was soziales Engagement betrifft, hat Birgit mir die Augen geöffnet. Man könnte sagen, dass es ihr gelungen ist, mein soziales Gewissen zu wecken.

Es war beim Hahnenkammrennen 2012, da erzählte mir Claudia Stöckl von ihrem Hilfsprojekt in Indien. Seit 2006 unterstützt die Ö3-Journalistin dort mit ihrem Verein ZUKI (Zukunft für Kinder) Mädchen und Buben aus ärmsten Verhältnissen. Mit relativ wenig Geld – es sind pro Kind 35 Euro pro Monat – garantiert der Verein den Kindern eine Schulausbildung inklusive Lernmaterial und Verpflegung. Birgit stand daneben und war gleich Feuer und Flamme. »Wir möchten das auch gerne unterstützen«, sagte sie, und ich hatte natürlich nichts dagegen. Wir luden Claudia zu uns nach Hause ein, und sie schlug uns verschiedene Bausteine vor, aus denen wir auswählen konnten. Vorrangig aber ging es um eine Herz-OP für einen dreijährigen Buben namens Soumitra. Das waren ein paar tausend Euro, die wir dann gleich überwiesen haben. Wir bekamen dann Fotos von dem Kind, vor und nach der Operation. Seither frage ich Claudia, wenn ich sie treffe, immer: »Wie geht's meinem Herzen?« Ich meine damit das Herz dieses indischen Buben, der seit der OP wieder normal leben kann.

Heute haben Birgit und ich sogar zwei indische Patenkinder. Puja ist 13, Sona 17 Jahre alt. Als Claudia zuletzt in Kalkutta war, hat sie Puja und Sona erzählt, dass ein ehemaliger Formel 1-Rennfahrer aus Österreich ihr Pate sei. Sie wussten natürlich nicht, wer Niki Lauda ist. Da spielte Claudia ihnen den Film »Rush« vor, was ein Problem war, weil die Sex-Szenen, die im Film vorkommen, in Indien ein absolutes Tabu sind. An diesen Stellen wurde die DVD jeweils im Schnellgang weitergespult. Nun können sich unsere Patenkinder ein Bild von mir machen.

Puja hat in Kalkutta einen Platz in einer Strickerei. Als sie erfuhr, dass ihr Pate Zwillinge hat, strickte sie eine gelbe und eine rote Jacke für Max und Mia. Den Moment, in dem die beiden in diese Strickjacken geschlüpft sind, hielten wir auf einem Foto fest, das wir Puja nach Indien geschickt haben. Gemeinsam mit einem Silberkettchen, in das die Namen »Birgit & Niki, Mia & Max« eingraviert sind. Sona ist Basketballspieler und möchte einmal Sportler werden.

Wir kennen beide Patenkinder nicht persönlich, aber Claudia schickt uns oft Fotos von ihnen. Birgit möchte demnächst nach Kalkutta fliegen und sie kennen lernen.

Anfang 2015 erfuhren wir vom Schicksal der 15-jährigen Surovi, die an einer Gefäßmissbildung litt. Claudia Stöckl organisierte eine rettende OP am Wiener AKH. Dafür stellten wir die Flüge nach Wien zur Verfügung. Als Claudia Surovi vom Flughafen abholte, wunderte sie sich, warum ihr Koffer so schwer war. Surovi hatte zwar fast keine Kleider, dafür einen riesigen Sack Reis mitgebracht. Es war das Geschenk ihrer Eltern, die als Reisbauern auf Sundarbans, der Inselwelt im Golf von Bengalen, leben.

Surovi blieb ein halbes Jahr lang in Österreich und besuchte uns auch zweimal zuhause. Ich war unglaublich beeindruckt von ihrer Ausstrahlung und wie mühelos sie in eine ihr völlig fremde Welt eintauchte. Wenn Surovi mich mit ihren großen, dunklen Augen anschaute, war das, als würde ich sie schon lange kennen. Sie sprach nur wenige Worte Englisch, deshalb mussten wir uns mit Gesten verständigen. Dieses Mädchen zeigte seine Dankbarkeit ganz offen, indem sie mich einfach umarmte und mir Küsse auf die Wange drückte. Insgeheim dachte ich mir: Endlich einmal ehrliche Küsse, denn in der Wiener Bussi-Bussi-Gesellschaft kriegst du sehr viele Küsse, die du eigentlich gar nicht willst.

Einmal wollte Claudia für ZUKI ein Frühstück mit Niki Lauda versteigern. Vorsichshalber fragte sie Birgit, denn ich sage bei solchen Sachen eher nein. Ich wurde dann überredet und genoss es sogar, mit zwei Menschen zusammenzukommen, die bereit waren, Geld für eine Unterhaltung mit mir zu bezahlen. Höchstbieter war ursprünglich ein Unternehmer, aber eine Online-Bieterin erhöhte ihr Gebot darauf noch einmal. Also stand ich beiden Herrschaften zur Verfügung. Unsere Treffen im Hotel Imperial, wo ich ohnehin drei Mal pro Woche frühstücke, spielten insgesamt 13.000 Euro für das Sozialprojekt ein. Ich würde das jederzeit wieder machen, aber nur, wenn mehr als 13.000 Euro eingespielt werden. Ich glaube, ich werde diesen Wettbewerbsgedanken nie los.

Manchmal wurde ich von Journalisten gefragt, ob ich einem Bettler Geld gebe. Wenn er wirklich den Eindruck vermittelt, dass er in Not ist, dann sehr wohl. Da ich nie Münzen bei mir habe, sind das dann meistens zehn oder zwanzig Euro. Wenn er mir allerdings irgendwelche Geschichten erzählt mit der Bierflasche in der Hand, dann hat er Pech gehabt. »Aber du bist doch der Lauda!«, höre ich dann oft. Aber damit kommt er bei mir nicht durch, deshalb ändert sich an meiner Haltung nichts.

Der frühere Caritas-Präsident Franz Küberl erzählt gern, dass er ein Ur-Erlebnis mit mir hatte. 1996 suchte die Caritas eine Fluggesellschaft, die ein Hilfsteam nach Ruanda bringen sollte. In dem afrikanischen Land hatte 1994 ein Völkermord 800.000 Menschen das Leben gekostet. Sie fragten auch die Lauda Air, obwohl sie sich ziemlich sicher waren, dass Niki Lauda, der ja nichts zu verschenken hat, sowas nicht macht. Aber sie täuschten sich.

Ich habe ja nichts zu verschenken. Aber ich weiß sehr wohl, was ich zu tun habe, wenn jemand wirklich auf mich zählt.

Ich flog dann persönlich mit der Caritas nach Afrika, und der junge Franz Küberl, der gerade Direktor geworden war, bedankte sich über Mikrophon bei mir – ins Cockpit traute er sich nicht.

Er hätte sonst gemerkt, dass da nicht mehr der Egomane saß, zu dem ich in der Formel 1 gemacht worden war.

DAS GESETZ DES HANDELNS

»Post-its sind das Schlimmste.
Schreib es nicht auf, sondern tu es einfach!«

Der Lauda hat sich immer neu erfunden. Das ist so ein Satz über mich, der nicht stimmt. Ich habe nichts erfunden, sondern es haben sich in meinem Leben immer wieder Türen aufgemacht. Vor allem, wenn Dinge nicht so laufen, wie man sich das vorgestellt hat, ist es wichtig, sofort ein neues Szenario vor Augen zu haben. Einen anderen Weg zu suchen, eine andere Lösung. Es gibt immer einen Plan B. Damit er sich eröffnet, muss man ein Blitzdenker sein. Jemand hat einmal gesagt: Der Kopf ist rund, damit die Gedanken ihre Richtung ändern können.

In den Lauda Air-Gründungsjahren, wo uns die AUA am liebsten vernichtet hätte, mussten wir unser Streckennetz so ausbauen, dass wir unserem Erzrivalen Austrian möglichst nicht ins Gehege kamen. Wenn wir uns Zürich ausgesucht hätten, dann wäre das Argument der Oberbürokraten gewesen: Geht nicht, da fliegt ja schon die AUA hin. Nur so kam ich auf die Traumdestination Australien. Am Anfang hielten mich alle für verrückt. Wer will schon nach Australien? Dafür werden wir doch nie die Verkehrsrechte bekommen! Wer wird uns eine

Boeing 767 für mehr als siebzig Millionen Dollar finanzieren, und so weiter und so fort. Im Mai 1988 nahm Flug NG 001 Kurs auf Sydney.

Oder ein viel banaleres Beispiel: Als mir 2011 mein Kapperl-Sponsor abhanden kam, machte ich aus der Not eine Tugend und setzte ein rotes Kapperl ohne Schriftzug auf. Das war noch nie dagewesen und für die Medien deshalb umso interessanter. Wieso hätte ich mich verstecken sollen? Wenn der Sponsor weg ist, dann ist er weg. Wenn ich logisch überlege, kann ich blitzartig umdenken. Das ist das Gesetz des Handelns: Auf jede neue Lage sofort mit der entsprechenden Handlung reagieren.

Das beginnt schon bei der Kommunikation. Ruft zum Beispiel jemand mit unterdrückter Nummer bei meinem Handy an, so hebe ich trotzdem ab. Ich denke mir dann zwar, jetzt habe ich den Deppen am Telefon, trotzdem ist es gescheiter als nicht zu antworten. Ich sage ihm dann kurz, dass ich keine Zeit habe und dass es mich nicht interessiert und kann es abhaken. »Nein« zu sagen ist die effizienteste Art überhaupt, Dinge zu erledigen. Dauert genau zwei Sekunden.

Wie viel Zeit manche Leute in das Nicht-Kommunizieren investieren, ist sagenhaft. Ich kriege manchmal E-Mails, die so lang sind, dass ich sie gar nicht erst lese. Ich schreibe zurück: »Worum geht's?«

Oder SMS, bei denen nicht einmal der Name dabei steht. Dann rufe ich an und frage: »Wer sind Sie?«

»Na der Herr soundso.«

»Dann schreiben Sie Ihren Namen dazu!«

Wenn ich auf SMS oder Mails antworte, schreibe ich immer »Okay, Niki« oder »Danke, Niki«. So viel Zeit muss sein, dass man mit seinem Namen unterschreibt.

So nutze ich das Handy für meine Zwecke und bin deshalb immer sehr effizient unterwegs. Ich bin aber nicht vom Handy abhängig. Wenn ich nicht gestört werden will oder schlafen gehe, schalte ich es ab.

»Work-Life-Balance« ist auch so ein Ausdruck, mit dem ich überhaupt nichts anfangen kann. Ich teile mein Leben nicht in Arbeit und Freizeit ein, ich bin immer in Bewegung. Ich überlege mir am Abend, was am nächsten Tag ansteht und erledige eines nach dem anderen. Es gibt Leute, die Tages-, Wochen- und Monatsplanungen machen. Sie verbringen mehr Zeit mit der Planung als mit dem Tun. Sie schreiben sich dann Aufgaben auf diese kleinen gelben Zettel und picken sie irgendwo drauf. Als ich das zum ersten Mal bei meinem Finanzer Gottfried Neumeister beobachtet habe, fragte ich ihn: »Was soll denn das?« Er sagte: »Ich muss mir aufschreiben, dass ich den Herrn Soundso morgen anrufe.« »Post-its sind das Schlimmste. Schreib es nicht auf, sondern tu es einfach«, habe ich Gottfried gesagt. Er hat mir später erzählt, dass diese einfache Methode ihm sehr viel Druck genommen hat. Was man vor sich herschiebt, liegt einem nur im Magen. Was man sofort erledigt, macht den Kopf frei.

Ich bin auch in den Wochen, die andere Leute Urlaub nennen würden, aktiv. Ich sehe keinen Sinn darin, sich in die Sonne zu legen und plötzlich nichts mehr zu tun. Ich baue Sandburgen und spiele mit den Kindern. Aber ich lasse auch das normale Programm weiterlaufen und erledige vieles am Handy.

Manche nennen es Beschäftigungstherapie, jedenfalls war ich mein ganzes Leben lang – abgesehen von einem ausgerenkten Wirbel während meiner Formel 1-Zeit und natürlich meiner Nierentransplantation – noch nie krank. Depressiv schon gar nicht. Und traurig nur dann, wenn ich einen traurigen Film sehe. Dann färbt es auf meine Stimmung ab, dann kann ich sogar weinen.

Auch Musik verstärkt meine Stimmung. Wenn ich normal drauf bin und ein gutes Lied im Auto aufdrehe, dann bin ich in der Sekunde super drauf. »*Forty Five Seconds*« von Rihanna ist so ein unglaublich toller Song, da spielt auch Paul McCartney mit. »*Woke up an optimist, sun was shinin', I'm positive.*«

Lewis Hamilton, der jetzt selbst Musik macht, fährt manchmal mit mir zu Promotion-Terminen. Er staunt jedes Mal, was ich alter Depp für Songs gespeichert habe. »*Some nights*« von Fun zum Beispiel. »*Why don't we break the rules already? I was never one to believe the hype, save that for the black and white. I try twice as hard and I'm half as liked, but they come again to jack my style.*« Oder George Ezras »Budapest«. »*And give me one good reason why I should never make a change, Baby if you hold me then all of this will go away.*«

Ich habe Hunderte solcher Lieder in meinem iPhone gespeichert und höre sie immer wieder zwischendurch. Bevor es zu still wird, drehe ich lieber ein gutes Lied auf. Stille ist mir fast unheimlich. So wie Stillstand.

Zu manchen Liedern habe ich auch einen ganz persönlichen Bezug hergestellt. Wenn Birgit etwas von mir will und ich gerade trotzig bin, spiele ich ihr »*Hero*« von Family of the year vor. »*So let me go, I don't wanna be your hero. I don't wanna be a big man, I just wanna fight like everyone else.*« In dem Lied geht es sinngemäß darum, dass der Mann in der Beziehung nicht immer der Starke sein will, was natürlich auch eine gute Ausrede sein kann.

Aber es gibt noch eine Steigerung. Wenn wir einen kleinen Wickel haben, dann spiele ich ihr »*Blame it on me*« vor. »*When I use control and the sun's beating down , blame it on me.*« Ich bin schuld, Ende der Diskussion und aus. Da wird sie ganz narrisch.

Die Mia sagt dann immer »Papi, Musik!«, und ich spiele es gleich noch einmal. Beide Zwillinge singen dann mit und wir haben eine Hetz.

Musik ist eine Kraftquelle für mich. Ray Lamontagnes »*How come*« zum Beispiel. »*People on the street now, faces long and grim, souls are feeling heavy and faith is growing thin. Fears are getting stronger, you can feel them on the rise, hopelessness got some by the throat you can see it in their eyes, I said how come?*« Das drückt auch mein Unverständnis darüber aus, wie sehr sich viele Menschen von ihren Emotionen leiten lassen. Aufgaben muss man durch alle Höhen und Tiefen wahrnehmen. Am schlimmsten finde ich Menschen, die sich gehen lassen und nur mehr negativ denken. Dann kommen sie in so ein Drahdiwaberl hinein, bringen keine Leistungen mehr, wollen aber trotzdem ihr Geld auf dem Konto sehen.

Für mich ist das ein Widerspruch: Geld kommt dann, wenn dahinter eine Idee und eine Leistung steht – außer vielleicht im Casino, und da ist noch keiner reich geworden. Durch meine Erfahrungen im Rennsport und auch im Wirtschaftsleben wusste ich genau: Wenn ich jetzt einen Fehler mache, dann ist das Geld sofort wieder weg.

Am meisten hasse ich Provisionsritter und Faulpelze. Das sind Leute, die Geld verdienen wollen, ohne sich anzustrengen. Diese Provisionsmenschen stehen daneben, wenn der Herr Dings und die Frau Bums sich etwas ausmachen und dann kommen sie daher und sagen: »Ich habe das vermittelt und will jetzt zigtausend Euro Provision.« Ich meine, das ist doch keine Leistung! Okay, wenn einer jahrelang Verträge erstellt und Konzepte entwickelt, dann kostet das natürlich Geld.

Ich habe auch Attila Dogudan mit Bernie Ecclestone zusammengebracht, und seither beliefert Attila mit seinem Gourmet-Catering den Paddock-Club, aber es würde mir nie einfallen, an diesem Millionengeschäft mitzuverdienen. Nur weil ich die beiden vorgestellt habe, verdiene ich doch noch keine Provision.

Diese Provisionsritter kommen ja auch immer erst nachher. »Du, kannst du dich erinnern? Ich habe dir das vermittelt.« Mit denen mache ich kurzen Prozess. »Hallo? Das hättest du mir früher sagen müssen, dass das Geld kostet, dann hätte ich nämlich drauf verzichtet.« Es muss meine Entscheidung bleiben, wen ich zu welchen Bedingungen beschäftige oder eben nicht. Da bin ich ganz stur.

WOHNEN

»Birgit baut jetzt schon unser drittes Haus in Ibiza um. Wir kaufen, bauen um und verkaufen.«

Birgit ist meine Heldin. Dass diese Frau herging und mir 2005, ohne nachzudenken, eine ihrer Nieren geschenkt hat, ist einmalig. »Der Eiffelturm gehört sofort weg und die Birgit dorthin gestellt«, meinte Marlene, die Mutter meiner beiden Söhne Lukas und Mathias, voll Respekt und Anerkennung.

Ich hatte ja schon eine Niere von meinem Bruder Florian, aber sie hat nicht hundertprozentig gepasst. Da meine Kinder als Spender ausfielen, sprang Birgit ein. Bei ihr stimmten fünf von sechs Messwerten. Es ist meine vierte Niere und sie funktioniert seit zehn Jahren tadellos. Wenn ich nicht beim Ausziehen manchmal die Narbe sehen würde, wüsste ich nicht einmal, dass ich da zusätzliche Organe eingebaut habe.

Ich bin ja sonst nicht abergläubisch, aber für mich ist das ein weiteres Zeichen dafür, dass wir beide perfekt zueinander passen. Manchmal scherzt Birgit, die Rotwein liebt: »Trink noch ein Glaserl Wein, meine Niere braucht das!« Ich nippe dann am Glas, denn Rotwein schmeckt mir – wie Alkohol generell – einfach nicht.

Birgit war Stewardess und später Catering-Verantwortliche bei Flyniki. Dass sich zwei Menschen verlieben, passiert ja millionenfach auf der Welt. Aber wenn dann die erste Emotion vorbei ist, und es ist noch etwas da, das jedem Partner die friktionsfreie Entfaltungsmöglichkeit lässt, die Freiheit, der Mensch zu sein, der er sein möchte, dann ist das etwas Besonderes.

Am 25. August 2008 haben wir, unter Ausschluss der Presse, am Standesamt Wien-Währing geheiratet. Nur ein paar Leute aus unserem persönlichen Umfeld wussten Bescheid. Das Ganze hat vier Minuten gedauert. Fertig und aus! Den Heiratsantrag habe ich Birgit in einer Pizzeria auf Ibiza gemacht.

Viele Beziehungen enden irgendwann in täglichem Kleinkrieg oder in tödlicher Langeweile. Mit Birgit ist das anders. Sie ist – neben allem anderen, das auch super funktioniert – in erster Linie mein Freund.

Ich war nie der Typ, der bei irgendjemandem Rat gesucht hat. Man trifft ja auch selten einen objektiven Menschen. Deshalb habe ich mir die Dinge immer lieber mit mir selbst ausgemacht. Mit Birgit aber kann ich ganz ungezwungen über alles reden.

Sie sagt über mich, ich hätte im Tagesbetrieb zwar keinerlei Launen, da ich aber wenig Emotionen zeige, würde ich öfter abdriften, einfach aussteigen. Ich glaube, dass ich ein pflegeleichter Mensch bin. Aber ich bin auch ein sturer Hund. Damit kann Birgit gut umgehen, weil sie von ihrem Wesen her super unkompliziert ist. Weil sie nichts verlangt, kriegt sie alles von mir.

Birgit ist Skorpion, und ich bin Fisch. Ich halte nichts von Sterndeuterei und diesem Unfug (»Beide sind Romantiker, keiner von ihnen kann zu viel Distanz oder Eintönigkeit in einer Beziehung ertragen«, blablabla), aber beim Skorpion kenne ich mich jetzt aus. Er hat einen Stachel und kann unberechenbar bis gefährlich sein. Aber er ist auch sehr loyal. Wenn ein Skorpion dich einmal ins Herz geschlossen hat, geht er für dich durchs Feuer. Das ist mir mittlerweile klar, deshalb werde ich es mir mit meiner Skorpion-Frau nicht verscherzen. Gleichzeitig rechne ich aber auch immer mit einer Überraschung.

Ich bin sozusagen der Frosch, der den Skorpion über den Fluss zum Ufer bringt und sagt: »Bitte stich mich nicht, wenn wir drüben angekommen sind, sonst gehen wir beide unter.«

Birgit ist 30 Jahre jünger, da werden ganz neue Herausforderungen an mich gestellt. Während ich meine Lebenserfahrung in unsere Verbindung einbringe, hat sie mich mit ihrer Jugendlichkeit in jeder Beziehung zum Positiven verändert. Ich war immer ein Egoist, das musst du in der Formel 1 sein, um zu gewinnen. Aber seit ich mit Birgit lebe, kommen auch meine anderen, besseren Eigenschaften zum Vorschein. Freunde, die uns beide kennen, sagen manchmal zu Birgit: »Das, was du mit dem Niki zusammengebracht hast, das hat noch niemand zusammengebracht.«

Man kann sagen, dass ich früher ein ziemlicher Pedant war. Ich hatte zum Beispiel einen Ordnungs- und Sauberkeitstick. Jetzt haben wir sogar einen Hund, – einer unserer beiden Golden Retriever ist schon gestorben – da sind natürlich überall im Haus Hundehaare, aber es macht mich nicht mehr nervös.

Was ist Birgit für ein Geldtyp? Sie kann mit gar nichts leben, das ist eine ganz wichtige Eigenschaft von ihr. Wenn sie nichts hat, ist sie glücklich, und wenn sie etwas hat, dann ist sie auch glücklich. Völlig unabhängig von Geld. Sie ist ein unglaublich geerdeter Mensch. Das war vom ersten Tag an so.

Natürlich hat sie auch ihre kleinen Schwächen: Für Balenciaga-Taschen etwa oder Schuhe von Valentino. Die kauft sie sich dann einfach selbst. Ich spüre von diesen Dingen wenig. Birgit geht so normal mit Geld um wie ich. Und vor allem hat sie sich durch Geld nicht verändert.

Birgit studiert Kunstgeschichte im sechsten Semester. Ihr Hauptinteresse sind Immobilien und Innenarchitektur. Beides Bereiche, die überhaupt nicht in meinem Fokus lagen. Birgit sucht Immobilien, baut sie um, und dann verkaufen wir sie wieder – bis jetzt immer mit Gewinn.

Wie das funktioniert? Birgit macht das sehr gescheit. Sie hat einen detaillierten Plan, limitiert die Investitionen, weiß immer, wie weit sie gehen will, und am Ende gefällt es jedem – mir sowieso – und ist für alle ein gutes Geschäft. Dabei stimmt das Preis-Leistungsverhältnis ganz genau.

Ich glaube, das ist nur möglich, weil auch Birgit, so wie ich, in Zahlen denkt. Für sie ist ein Haus in erster Linie ein Projekt. In zweiter Linie ist es dann auch unser Zuhause. Wir wohnen darin und genießen den Luxus, dass wir jedes Detail selbst ausgesucht und realisiert haben. Aber eben auf Zeit. So hat sich fast zufällig ein Business ergeben, das Wohnen und Geldanlage auf logische Weise verbindet.

Birigt baut jetzt schon unser drittes Haus in Ibiza um. Dabei kümmert sie sich auch um alle rechtlichen Belange, so ein Prozess dauert in Spanien mitunter recht lange.

Das erste Haus haben wir 2007 gefunden, da waren wir noch gar nicht verheiratet. 400 Quadratmeter Wohnfläche, Hanglage, Privatbesitz mit Blick aufs Meer bis hinüber nach Formentera. Von wegen Geizhals-Image: Ich bin einmal durch das Haus gegangen und hab' gesagt: »Das ist es!«

Birgit hat das Haus dann gemeinsam mit einem Architekten total umgebaut. Böden herausgerissen, Wände geöffnet, Grundriss verändert, Wohnraum neu aufgeteilt. Eingerichtet hat sie damals alles ultramodern, was heute gar nicht mehr unser Stil ist. Wir haben uns da gemeinsam weiterentwickelt und mögen es heute eher mediterran, mit viel Materialien aus der Natur. Als dann die Zwillinge unterwegs waren, stellte sich außerdem heraus, dass die Hanglage überhaupt nicht kindergerecht war.

Da wir dieses Objekt noch relativ günstig gekauft hatten und sich der Immobilienmarkt in Ibiza rasant nach oben entwickelte, war rasch eine deutliche Wertsteigerung da. Es gab gleich mehrere Kaufinteressenten für das Haus. Zu der Zeit entdeckten gerade marokkanische Schauspieler und viele englische Künstler die Insel – vorher gab es nicht so viele tägliche Direktflüge nach Ibiza.

Das Loslassen fiel uns beiden nicht schwer. Mir sowieso nicht: Schon mit 19 zog ich ohne Emotionen aus meinem Elternhaus aus und übersiedelte nach Salzburg. Und Birgit ist bei jedem Umzug schon vom neuen, noch interessanteren Projekt beseelt.

Unser zweites Haus lag auf 5500 Quadratmetern oberhalb des kleinen Hafenortes Marina Botafoch, abseits des Trubels der Stadt. Wir kauften es 2011, die Villa war seit Jahren unbewohnt gewesen. Birgit sanierte es gekonnt. Das dreistöckige Haus verfügte nach dem Umbau über zwei Wohnzimmer, drei Schlafzimmer mit Bädern, ein Spielzimmer für die Kinder und ein Gäste-Apartment.

Eingerichtet hat es Birgit gemeinsam mit der österreichischen Innenarchitektin Clarisse Grumbach-Palme, einer Freundin von ihr. Die beiden wandelten die traditionelle Hacienda in eine elegante Villa mediterranen Stils um. Viel Licht, wenig Möbel, weiche Stoffe in den Farben Grau, Sand und Weiss. Das Haus hatte einen Swimmingpool mit Wasserfall und ein Home-Cinema. Mir war das nur recht: Damit lässt sich ein Anwesen viel leichter weiterverkaufen.

Birgit und Clarisse zogen monatelang durch die Geschäfte der Insel auf der Suche nach Schätzen. Die Möbel, zum Beispiel den massiven Holztisch im Garten, ließen sie von einheimischen Handwerkern maßanfertigen.

Nach vier Jahren haben wir dieses Haus verkauft, weil es gerade einen Interessenten gab. Und weil wir das gefunden hatten, was Birgit »unser Traumanwesen« nennt.

Es ist ein ehemaliges Hotel auf einem Grundstück von 65.000 Quadratmetern, umfasst mehrere zum Teil baufällige Gebäude und liegt nur fünf Minuten von Ibiza-Stadt entfernt, in der Nähe von Jesus. Wir haben es über den Immobilienmakler Uwe Richtberg gefunden, den Birgit schon seit zehn Jahren kennt. Das Haupthaus hat 450 Quadratmeter, genau richtig für uns und die Zwillinge. Alles ist ganz offen gebaut, man lebt mitten in der Natur. Die Kinder werden im Garten Ponys haben, einen Spielplatz und ein Tipi. Für mich hat Birgit Avocado- und Orangenbäume gepflanzt, Max und Mia bekommen ein riesiges Gemüsebeet.

Aus den anderen Gebäuden wird ein Gästehaus entstehen und wir richten auch ein Wohnhaus für das philippinische Ehepaar ein, das bei uns wohnen wird. Das Gym und den Tennisplatz will Birgit noch auf den neuesten Stand bringen.

Dieses Projekt ist das größte, das Birgit je realisiert hat, und sie empfindet es als Riesen-Herausforderung, alles perfekt zu machen. Sie baut diesmal mit Rolf Blakstad, dessen Stil sie besonders liebt, und mit einer Gartenarchitektin und Landschaftsplanerin, die sie schon lange kennt. Birgit verwendet ganz viele alte Steine, sie sucht jeden einzelnen selber aus. Ich bin wirklich stolz auf sie.

So ist Wohnen zwischen Birgit und mir ein wichtiges Thema geworden. Dabei teilt sie eine Eigenschaft mit mir, die nur sehr wenige Menschen besitzen. Birgit hat kein Problem, sich von Häusern auch wieder zu trennen. Statt dem Alten nachzutrauern freut sie sich, etwas zu finden, was vielleicht noch mehr unseren Vorstellungen entspricht. Das wird, wenn ich mir unser jüngstes Projekt anschaue, zugegebener Weise immer schwieriger.

In Wien sind wir erst einmal umgezogen, vom Kaasgraben in die Cobenzlgasse, wo wir einen riesigen Garten haben. Birgit mochte mein Haus sehr, aber sie wollte zu Fuß ins Kaffeehaus gehen können, und die Kinder sollten eine Busverbindung vor der Haustür haben. Der Immobilienentwickler Harry Hild hat das Haus gebaut, Birgit hat es komplett eingerichtet.

Wie oft wir noch umziehen werden? Ich bin mir nicht sicher. Denn mir kommt vor, dass Birgit an unserem jüngsten Projekt in Ibiza und am derzeitigen Haus in Wien mehr hängt als an den früheren Wohnsitzen. Wahrscheinlich, weil sie immer noch mehr Zeit und Leidenschaft für Details investiert.

Vielleicht werden wir, wenn Mia und Max einmal 13 oder 14 Jahre alt sind, von Wien-Grinzing in die Innenstadt ziehen. Aber sicher nicht in den nächsten fünf, sechs Jahren. Ich könnte mir auch vorstellen, nach Amerika oder wohin auch immer zu übersiedeln, wenn ein Job das erfordern würde. Bislang waren Wien und Ibiza die perfekten Lebensmittelpunkte. Sollte sich das noch einmal ändern, dann wäre Birgit bestimmt dabei.

Sie hatte auch nichts dagegen, dass ich 2000 auf die Idee kam, ins Weltall zu fliegen. Es laufen ja mehrere Programme für solche Flüge. Im Simulator hatte ich es in Houston, Texas, schon ausprobiert.

Es wäre schön gewesen, nach dem Rennfahren am Boden und der Fliegerei am Himmel quasi noch eine Etage höher aufzusteigen. Aber ich fürchte, es wird nicht mehr passieren.

Manchmal überlege ich mir, was in zehn Jahren sein wird. Da bin ich 76, aber dass man täglich älter wird, ist für mich das

Natürlichste auf der Welt. Wir werden geboren und wir müssen sterben. Deshalb habe ich vor dem Älterwerden – wie vor jeder Veränderung – überhaupt keine Angst.

Ob im Job oder beim Wohnen: Bewegung macht das Leben doch erst spannend.

MISSERFOLGE UND FEHLER

»Dass die AUA bei der Lauda einsteigt, hätte ich nicht zulassen dürfen. Das war der größte Fehler meines Lebens.«

Mein Ego ist sehr stabil. Meine Erfahrung sagt mir: Das Leben ist ein ewiges Auf und Ab. Nur aus Tiefschlägen ergeben sich Höhenflüge, das weiß keiner besser als ein Spitzensportler. Wenn du gewinnst, jubeln Hunderttausende dich in den Himmel, wenn du verlierst, treten dir die selben Hunderttausend in den Arsch. Deshalb ist es wichtig zu wissen: Sowohl oben als auch unten bist du immer allein. Da hilft dir kein Mensch.

Wenn ich auf meine Karriere zurückblicke, dann sehe ich viele Tiefschläge. Einmal habe ich menschlich versagt. Einmal bin ich einem Betrüger auf den Leim gegangen. Und dann gibt es noch diesen schweren, größten Fehler meines Lebens.

Das menschliche Versagen passierte im September 1976 in Monza. Da begegnete ich das erste Mal nach meinem Feuerunfall wieder meinem Lebensretter Arturo Merzario und habe mich nicht bei ihm bedankt. Viel schlimmer noch: Ich bin nicht einmal zu ihm hingegangen, sondern habe ihn gar nicht beachtet. In einem gemeinsamen Interview erinnerte sich Merzario an den peinlichen Moment. »Versetze dich in meine Lage! Ich ziehe dich aus dem Feuer und du sagst nicht mal danke. Ich dachte damals nur: Leck mich doch am Arsch.«

Ich weiß nicht, ob ich den Unfall überlebt hätte, wenn mich Arturo damals nicht aus dem brennenden Auto gezogen hätte. Mein Ferrari 312T2 war in Flammen aufgegangen, 200 Liter Benzin entfachten ein Inferno. Meine Fahrerkollegen Brett Lunger, Guy Edwards und Harald Ertl hatten verzweifelt versucht, mich aus dem Cockpit zu ziehen. Dass der Unfall überhaupt dokumentiert ist, verdanke ich einem französischen Fan, der die Szenen auf Super-8-Film bannte.

Erst Arturo gelang es, sich durch die Flammen zu kämpfen und den klemmenden Sicherheitsgurt zu öffnen. Ich soll laut geschrien haben. Arturo erzählte mir viel später, dass ich leicht wie eine Feder gewesen sei. Dann habe er mein Herz massiert und beatmet, bis der Krankenwagen kam und mich mit lebensgefährlichen Verbrennungen und Lungenverätzungen sowie Kiefer-und Rippenbrüchen in die Klinik brachte.

Ich habe natürlich oft überlegt, wie ich in Monza, wo ich Platz vier holte, so arrogant sein konnte. Es war der Druck, ob ich überhaupt noch rennfahren kann. Die Angst. Der ganze Rummel. Ich war so mit mir selbst beschäftigt, dass ich vergaß, zu jenem Menschen hinzugehen, dem ich mein Leben verdanke. Aus Arturos Sicht und wohl auch in den Augen vieler Fans war ich damals schlicht und einfach ein Arschloch.

Ich habe es eine Woche später, in Salzburg, versucht gutzumachen. Bei einer intimen Feier mit meinen Rettern habe ich mich bedankt. Arturo schenkte ich meine Lieblingsuhr, eine Rolex. Ich hatte sie vom Veranstalter für meine Pole-Position in Monte Carlo erhalten. Arturo wollte sie zuerst nicht annehmen, weil er noch sauer war, aber dann versöhnten wir uns. Wir haben einander viele Jahre später einmal zufällig in Havanna getroffen. Er fiel mir sofort auf, denn sein Markenzeichen ist der Cowboyhut von Marlboro. »Ich verdiene damit keine Million wie der Niki«, scherzte Arturo einmal, »aber einen Kaffee zahlt mir Philip Morris immer noch.«

Als »Arschloch« ging ich auch durch die Presse, als 1973 mein britischer Rennfahrerkollege Roger Williams in Zandvoort verunglückte und in seinem March verbrannte. Ich raste an der Unglücksstelle vorbei, sah in dem Rauch aber nur einen Fahrer, der ein Fahrzeug löscht. Ich hätte sofort anhalten und helfen müssen, das ist mir heute klar. Aber damals, in diesen Sekundenbruchteilen, war das einfach keine Option, alles ging zu schnell. Mein kaltschnäuziger Satz, als mich ein Reporter fragte, wie ich so rücksichtslos sein könne, verschlimmerte die Situation noch: »Ich bin Rennfahrer und kein Feuerwehrmann.« Da war mein Ärger über diese berechtigte Frage mit mir durchgegangen.

Mein finanzielles Versagen betrifft die Betrugsaffäre um die liechtensteinische Money Service Group (MSG), die ab Januar 2011 mein Kapperl-Sponsor war und dann insolvent wurde. Ich habe mich maßlos geärgert, dass ich einem Menschen wie diesem Michael Seidl auf den Leim gegangen bin. Das war ein Vollbetrüger, der vierzig Anleger um dreißig Millionen Euro geprellt hat. Am liebsten hätte ich ihm eine drübergehaut.

Dann war die Gerichtsverhandlung in Vaduz. Ich war vorgeladen und bin natürlich nach Liechtenstein gefahren. Kein einziger anderer Geschädigter war dort.

»Kinder, warum fahrt ihr da nicht hin?«, habe ich ein paar von denen nachher gefragt.

»Naja, da kommt eh nichts raus.«

Entschuldigung? Wenn mich einer dermaßen betrügt, dann will ich doch vor Gericht aussagen, wie es dazu gekommen ist, und meinen Teil dazu beitragen, dass dieser Mensch eine möglichst hohe Strafe kriegt. So war es dann auch. In erster Instanz gab's neun Jahre, worauf Seidl, nicht blöd, ein spätes Geständnis ablegte. Dies wertete das Gericht als strafmildernd und reduzierte die Haftstrafe von neun auf sieben Jahre.

Mein Kapperl-Deal mit MSG war der erste in der jahrzehntelangen Tradition, den ich gratis machen musste. Ich hätte eigentlich 1,2 Millionen Euro bekommen sollen, Seidl überwies jedoch nur eine einzige Rate. Gleichzeitig habe ich 500.000 Euro in einen seiner Fonds investiert. Am Ende war das ein Null-Summen-Spiel. Ich habe nichts gewonnen, aber auch nichts verloren. Also noch Glück gehabt, könnte man sagen. Für mich war's trotzdem ein miserables Geschäft.

Unter Misserfolge könnte man auch einreihen, dass meine Berater-Jobs bei Ferrari (1993-1995) und Jaguar (2001-2002) nach relativ kurzer Zeit ausgelaufen sind. Bei Ferrari war ich Berater von Luca di Montezemolo, für den ich einen Team-Manager finden sollte. Ich stellte ihm den heutigen FIA-Präsidenten Jean Todt vor.

Ausgerechnet Todt meinte nach einem Jahr: »Was brauchen wir den Lauda noch? Ich kann das alles direkt mit dir machen.« So wurde das dann entschieden. Für mich war es unverständlich, weil Todt und ich überhaupt nicht im Konflikt waren. Ganz im Gegenteil: Er war eigentlich eine gute Ergänzung zu mir, so wie Toto Wolff und ich heute bei Mercedes. Toto führt die Firma, und ich bin der Chairman. Das funktioniert perfekt.

Zu Jaguar hatte mich der seinerzeitige Ford-Vorstandsvorsitzende Wolfgang Reitzle als Teamchef geholt. Als er Jaguar verließ, wurde der Engländer Richard Parry Jones sein Nachfolger, und der wollte auch einen Engländer als Teamchef. Mein knappes Statement damals: »Ich bin überrascht. Aber meine Arbeit wurde nicht kritisiert. Ich bin kein Ingenieur und kein Engländer, daher kann ich die Entscheidung problemlos akzeptieren.«

Es gibt aber eine Entscheidung in meinem Leben, die ich selbst getroffen habe und die definitiv falsch war. Ich spreche vom Einstieg der AUA bei der Lauda Air. Mein damaliger Partner Lufthansa riet mir: »Lass die AUA bei dir rein, dann werden wir eine große, starke Airline.« Dieser Verkauf war der größte Fehler meines Lebens.

Die Firmenkulturen haben einfach nicht zusammengepasst. Auf der einen Seite die innovative Lauda Air, auf der anderen Seite die verkrustete, verstaatlichte AUA. Ich war einer von vier Vorständen. Die wollten die Lauda Air in Konkurs schicken, damit sie mir die Aktien nicht ablösen mussten. Schlussendlich mussten sie mir das Geld aber doch zahlen.

In Interviews wurde mir oft die Frage gestellt: »Gibt es irgendetwas in Ihrem Leben, das Sie bereuen?« Meine Antwort war immer und wird immer sein: »Nein.«

Reue ist sinnlos. Sie ändert nichts an dem, was passiert ist.

Jeder Mensch macht Fehler. Entscheidend ist, dass du den Fehler kein zweites Mal machst; dass du aus jedem Fehler lernst.

BERATER UND BANKEN

»Ich hab' nur zwei Berater. Denen vertraue ich zu hundert Prozent. Ich brauche auch keine Second Opinion.«

Gottfried Neumeister ist mir 2003 im Café Blaustern am Döblinger Gürtel über den Weg gelaufen. Er hatte für einen Bekannten, der mir seine Idee für ein Startup-Unternehmen präsentieren wollte, den Businessplan erstellt. Als mir der junge Unternehmer sein Projekt präsentierte, stellte ich ihm ein paar Detailfragen. »Wie sind Sie auf diese Zahl gekommen?« und so weiter. Das habe alles ein Freund für ihn gerechnet, erklärte er.

»Na, den möchte ich aber kennenlernen«, sagte ich.

Bei unserem nächsten Treffen, wieder im Blaustern, stellte er mir Gottfried vor. 26 Jahre jung, gelernter Kaufmann, Studium mit 21 abgeschlossen, begann bei Siemens im Führungskräfteprogramm und leitete dann die Finanzabteilung für Maxdata, damals einer der größten europäischen IT-Produzenten.

Er machte auf mich einen hochintelligenten, effizienten, aufgeräumten Eindruck. Ich ließ ihn alles vorrechnen, den ganzen Businessplan, und sagte dem Unternehmer, der selber nicht so gut rechnen konnte, beim Abschied: »Ein wiffes Bürscherl haben Sie da mitgebracht.« Über diese Bemerkung hat sich Gottfried eher geärgert.

Ein paar Wochen später rief ich Gottfried an. »Grüß Gott, hier ist Niki Lauda. Sie sind doch die Rechenmaschine?«

»Bin ich«, antwortete er, »freut mich sehr.«

»Man hat mir gerade eine Firma angeboten. Können Sie ausrechnen, wie viel ich dafür zahlen soll?«

»Kann ich, Herr Lauda.«

»Wann haben S' Zeit? Sagen wir in einer halben Stunde im ›Imperial‹?«

Gottfried ist dann in seiner Mittagspause hingekommen. Wir saßen an einem der Tische vor dem großen Spiegel, ich lud ihn auf ein Wiener Schnitzel ein, und so kamen wir ins Geschäft.

Die Firma hieß Sky Europe. Ich erzählte ihm, dass mir 21 Prozent der Sky Europe zum Kauf angeboten worden waren.

»Ich kann Ihnen das gerne ausrechnen, aber ... – Herr Lauda, darf ich Ihnen eine Frage stellen? Was wollen Sie mit 21 Prozent der Sky Europe machen?«

Ich hatte ihn nur groß angeschaut, und obwohl er meinen leichten Ärger bemerkte, fuhr er ruhig fort: »Mit 21 Prozent sind Sie unter der Sperrminorität. Da können Sie nur mit dem roten Kapperl wacheln, sonst gar nix.«

Ich nahm mein Kapperl runter, klopfte mir zweimal ans Hirn und sagte: »Ich Depp, das weiß ich eh! Na dann lassen wir es sein.«

»In Ordnung«, sagte Gottfried. Er war mein Mann, denn statt Befehlsempfänger zu sein, dachte er zwei Schritte voraus. Ich speicherte seine Nummer gleich in meinem Handy ein.

Ein paar Wochen später war die Aero Lloyd in Konkurs. 22 Flieger, über 1.000 Mitarbeiter, Riesen-Fluglinie, da musste jemand zum Masseverwalter fahren und schauen, wie die dastehen. Und ob wir daraus unsere Billig-Fluglinie entwickeln können. Dieser Jemand war Gottfried Neumeister.

Ich wählte seine Nummer. »Grüß Gott, hier ist Niki Lauda. Können Sie morgen nach Oberursel fliegen?«

Er hatte keine Ahnung, wo Oberursel war, nahm sich aber, ohne mich näher zu kennen, sofort drei Urlaubstage bei Maxdata und setzte sich in den Flieger. In Oberursel bei Frankfurt am Main befindet sich die Firmenzentrale von Thomas Cook, dort war auch die Aero Lloyd angesiedelt. »Mein Finanzer kommt«, kündigte ich denen an.

Gottfried erzählte mir später, dass dort alle Spalier gestanden seien, als er mit seiner kleinen Aktentasche reinmarschierte. »Das ist der Finanzexperte von Herrn Lauda!«

Er ließ sich alle Airline-spezifischen Dinge wie Flugzeugfinanzierungen, Treibstoffabsicherungen et cetera kurz erklären. Dann hatte er drei Tage Zeit, um die ganzen Zahlen zu analysieren.

Seine Expertise war knapp und klar, genau so, wie ich es mag. »Auf keinen Fall 22 Flieger übernehmen, viel zu gefährlich! Aber Sie könnten in Österreich mit einem Flugzeug beginnen, dann kann man den Laden mit drei weiteren langsam hochfahren.«

Ich machte ihm das Angebot, für mich zu arbeiten. Freunde warnten Gottfried damals: »Du, wenn du dem Lauda nicht zu Gesicht stehst, dann bist du nach drei Monaten wieder weg.« Aber ihn reizte die Herausforderung, vom ersten Tag meiner Flyniki-Zeit an Bord zu sein. Er akzeptierte.

Ich warf ihm noch schnell den AUA-Kollektivvertrag hin und sagte: »Überlegen Sie sich gleich ein Gehaltsschema für die Piloten.« Die Bibel las sich leichter als dieser Kollektivvertrag. Ich gab ihm zwei Wochen Zeit.

Als wir den Aero Lloyd-Flugkapitänen unser Konzept präsentierten, sagte ich: »Der junge Mann da hinten hat sich etwas überlegt. Hört euch das bitte an und gebt mir euer Feedback.« Das war quasi Gottfrieds Feuertaufe: Erfahrene, teilweise sechzig Jahre alte Piloten von einem ganz neuen Gehaltsschema zu überzeugen.

Er machte seine Sache perfekt. Nach der Präsentation nickten die Aero Lloyd-Kapitäne anerkennend. »Ja, zu diesen Bedingungen fliegen wir.«

Ich überwies der 26-jährigen Rechenmaschine vier Millionen Euro Startkapital auf ein Bankkonto und sagte: »So, junger Mann, jetzt hast du eine Einzelvollmacht.« Ab da haben wir uns geduzt, und ab da war Gottfried voll verantwortlich.

Woran ich seinen Erfolg messen würde, fragte er mich.

»Ganz einfach«, erklärte ich ihm. »Ich messe dich daran, was du an Erträgen wieder zurückholst.«

In zwei Jahren war die Firma *breakeven*, ab dem zweiten Jahr machten wir Gewinne – jedes Jahr, bis wir Flyniki an Air Berlin verkauft haben.

Gottfried verwaltet bis heute mein Geld, er legt es an, er macht alles und informiert mich über alles. Wenn mich etwas Spezielles interessiert, rufe ich ihn an: »Wie schauen wir da aus und wie schauen wir dort aus? Was kostet das und wie hoch ist die Rendite?«

Seine Antworten sind von einer ungeheuren Präzision. Ich frage, er antwortet, ich frage nach, er nennt mir Details, wie bei einem schnellen Ping-Pong-Spiel.

Ich habe Gottfried auch mein Privatgeld anvertraut, ich weiß inzwischen, dass er das gut kann. Er ist immer auf der Suche nach der besten Anlagestrategie. Er macht die harte Arbeit, dann präsentiert er mir drei Möglichkeiten, und ich wähle aus.

Dr. Haig Asenbauer bin ich vor etwa zwanzig Jahren in der Kanzlei Schuppich begegnet. Damals war Werner Sporn von der Kanzlei Schuppich mein Rechtsanwalt. Er löste alle schwierigen Dinge rund um die Lauda Air-Konzession. Haig Asenbauer war sein Konzipient und übernahm in den darauffolgenden Jahren immer öfter Aufgaben für mich. Er ist der beste Anwalt, den ich kenne.

Haig ist 18 Jahre jünger als ich, hat seinen Master in New York gemacht und ist geprüfter Experte in Europäischem Recht. Er ist ein unglaublich geradliniger Typ, blitzgescheit, ein Schnelldenker. Sein Selbstverständnis ist, aktiv für konstruktive Lösungen zu sorgen, nicht passiv vor den Risiken irgendwelcher

Transaktionen zu warnen. Haig grenzt die Risiken für mich ein und macht sie kalkulierbar.

Am meisten schätze ich an ihm, dass man auf den Punkt fragen kann. »Was geht? Wie sind die Chancen, dass wir das gewinnen oder verlieren?«

Er lässt sich nie in theoretische Überlegungen verstricken, seine Antwort ist immer konkret. Haig sagt 30:70 oder 90:10, und so ist es dann auch. Dann liegt es an mir zu entscheiden, ob wir es machen oder nicht.

Haig prüft alle meine Verträge. Ich kenne natürlich den Inhalt, aber mit dem Kleingedruckten befasse ich mich nicht. Darum kümmert er sich.

Ich hab' nur zwei Berater, den Finanzexperten Gottfried Neumeister und den Rechtsanwalt Haig Asenbauer. Ihnen vertraue ich hundert Prozent. Wenn es etwas Finanzielles zu klären gibt, dann höre ich auf Gottfrieds Rat. Wenn es etwas Juristisches zu klären gibt, dann höre ich auf Haigs Rat. Das sind Vollprofis, die genau wissen: Wo geht der Trend hin? Wo biegt man ab und wo bleibt man stehen? Ich habe nie versucht, mir das selbst anzulernen.

Ich bin kein Mensch, der drei Anwälte fragt und fünf Berater anhört, wenn ich etwas zu entscheiden habe. Was Gottfried und Haig sagen, klingt immer logisch. Ich habe dann meine Opinion. Eine Second Opinion brauche ich nicht. Aber das geht natürlich nur, wenn das Vertrauen da ist.

Auch zu Banken muss man mit den Jahren ein Vertrauensverhältnis aufbauen. Beide – Bank und Unternehmer – müssen versuchen, ihre Schritte im Gleichklang zu setzen. Solange alles gut geht, hast du mit der Bank ja nie ein Problem. Logisch. Aber wenn es schlecht geht, dann ist entscheidend, wer auf der anderen Seite sitzt. Überdauert die Beziehung auch einen »Worst Case«?

Selbst wenn so ein »Worst Case« eintritt, bin ich der Bank aber nicht ausgeliefert. Ich kann in jedem Moment selbst entscheiden, ob ich Vorgaben akzeptiere oder nicht.

Als ich Ende der Siebziger Jahre meine beiden Fokker F-27 der Lauda Air nach Ägypten verleast habe – die sind dann zwei Jahre lang für Egypt Air geflogen – benötigte ich eine Bankgarantie über 400.000 Schilling. Die Maschinen mussten nach Ägypten geflogen werden, Egypt Air wollte natürlich nicht zahlen für Flieger, die noch nicht da waren.

Diese Bankgarantie hätte den Kreditrahmen für die Flugzeuge überzogen, da ging es um lächerliche zwei Tage. Die Bank wollte 17 Prozent Zinsen. Also einen Wucherzins, den ich nicht bereit war zu bezahlen.

»Passt auf«, habe ich denen gesagt, »wenn die Flieger da nicht hinunterfliegen, dann habt ihr gar nichts davon. Nur ein Pech, denn dann bleiben die Flieger am Boden stehen.« Aber das war der Bank völlig wurscht. Die Streiterei zog sich bis zum bitteren Ende. Die Bank blieb stur, am Ende habe ich selbst als Besitzer der Firma für den Überflug gehaftet und mir so viel Geld erspart.

Banken treffen für mich manchmal maßlose, unverständliche Entscheidungen. 17 Prozent Zinsen für eine Bankgarantie!

In solchen Fällen müssen jene, die an das Unternehmen geglaubt haben – die Bank hatte ja diese Flieger finanziert – und auch die Unternehmer selbst genau abwägen, was der richtige Weg ist. Für mich hieß dieser Weg: Selbst Verantwortung übernehmen.

Mein Geld ist bei zwei verschiedenen Banken angelegt, die jeweils unterschiedliche Vorgaben haben. Einerseits bei der traditionellen LGT Bank, geführt vom liechtensteinischen Fürstenhaus, andererseits bei der Erste Bank. Das ist jene Bank, die mir einst den 2,5 Millionen-Schilling-Kredit verweigerte, weil mein Großvater dort im Vorstand saß. Nach fünfzig Jahren soll man nicht mehr nachtragend sein. War ja mein Großvater schuld, nicht die Bank.

Unterm Strich kommt bei dieser Streuung nicht viel raus, ich zähle eher zu den konservativen Anlegern. Dafür erlebe ich auch keine bösen Überraschungen.

Zuletzt bin ich zu einem Prozent an der Signa Prime Selection AG und zu zehn Prozent an der Signa Retail GmbH des Investors René Benko eingestiegen, den ich bisher nur flüchtig kannte. Er sprach mich an, ob mich das interessieren würde. Sowohl Gottfried als auch Haig haben das alles genau überprüft und für gut befunden.

Weil ich gerne weiß, was in den Geschäften passiert, in die ich investiere, werde ich dort auch eine aktive Rolle im Beirat übernehmen.

Warren Buffet, der drittreichste Mann der Welt, sagt: Investiere nur in Gesellschaften, die auch ein absoluter Vollidiot leiten kann, denn eines Tages wird genau das passieren.

Er könnte ja Recht haben, und dann kann ich ihm wenigstens auf die Finger schauen.

»Bei Mercedes bin ich alles, was mich ausmacht. Rennsport-Experte, Unternehmer, Investor.«

Was heute »*Multitasking*« genannt wird, habe ich mein ganzes Leben lang praktiziert. Als Schüler fuhr ich heimlich Rennen. In meiner Zeit bei Ferrari machte ich einen Pilotenschein nach dem anderen. Als ich meine erste Fluglinie gründete, kämpfte ich gleichzeitig um die Formel 1-Weltmeisterschaft. Als Chef von Lauda Air und Flyniki saß ich auch selbst im Cockpit. Eine Tätigkeit allein war mir immer zu fad.

Seit 2012 bin ich Aufsichtsratsvorsitzender des Mercedes AMG Formel 1-Teams. Verglichen mit der Luftfahrt ist die Herausforderung für mich nun wieder eine wesentlich höhere. Zum Beispiel, was das Tempo betrifft: In der Luftfahrt legt man am Ende des Jahres Bilanz, dann wird darüber geschrieben und man hat wieder ein Jahr Zeit bis zur nächsten Bewertung. Im Rennsport werde ich nach jedem Grand Prix bewertet, ich kriege die Rechnung für meine Arbeit alle paar Wochen präsentiert. Sind wir gut oder schlecht, sind wir Erster oder Letzter?

Das ist genau das, was mich interessiert. Schnell reagieren, mit dem Team immer wieder neue Weichen stellen. Erkennen, was langfristig wichtig ist und was deshalb kurzfristig entschieden und gemacht werden muss. Das alles unter ständiger Beobachtung der Konkurrenz. Immer das beste Auto und den besten Motor bauen und den besten Fahrer hineinsetzen. Das ist schon eine andere Geschwindigkeit als bei Fluglinien. Mein neues Leben ist wieder ein bisschen schneller geworden.

Bei Mercedes bin ich alles, was mich ausmacht: Rennsport-Experte, Manager, und weil ich 10 Prozent der Aktien beim Rennteam halte, auch Investor. *Multitasking at its best.*

Was heißt Aufsichtsratsvorsitzender beziehungsweise Chairman? Ein Motorsport-Magazin hat geschrieben: »Lauda soll mit dem Abstand eines Außenstehenden die Schwachstellen des Teams analysieren, intern unangenehme Fragen stellen, die Nabelschnur zwischen Stuttgart und Brackley so kurz wie möglich halten, dem Vorstand berichten, Kontakte knüpfen und zwischen den Parteien vermitteln, bevor Reibungsverluste auftreten.«

Vielleicht ist das gar keine so schlechte Beschreibung. Leider gibt es auch im Rennsport viele Leute, die um irgendwelche Sachen herumreden. Meine Lebensphilosophie war immer, die Dinge so abzufragen, dass man mit »Ja« oder eben »Nein« antwortet.

Als Lewis Hamilton beim Training einmal Probleme mit der Kupplung hatte, gab es die anschließende Boardsitzung. Ich war wie immer eine halbe Stunde zu früh da, auch unser Techniker war schon anwesend. Sag ich: »Wer war schuld? Die

Kupplung oder Lewis?« Er wusste es nicht. Ich meine, ich habe ihn ja nicht drei Minuten nach dem Rennen gefragt.

Das verstehe ich alles nicht. Wenn ich einen Defekt habe, muss in meiner Philosophie derjenige, der für die Technik zuständig ist, dem Board am nächsten Tag berichten können. Ich habe dem Mann zu verstehen gegeben, dass er das schnell checken soll, damit wir dann die richtigen Entscheidungen treffen können.

Dabei bin ich niemals unhöflich, nur in der Sache konsequent. So kriege ich die Antwort, die wichtig ist. Darum geht es mir: Keine Zeit zu verlieren mit solchen Blödheiten. Aber es gibt natürlich immer auch andere, die gerne noch vier Tage darüber nachgedacht hätten.

Ein anderes Beispiel: Wir haben einen Mitarbeiter im Rennteam, der irrsinnig effizient für uns arbeitet, sich aber nicht hundertprozentig wohl fühlt. Er sagt aber nicht klar, was er will, weil er es offenbar nicht weiß. Letztens habe ich mit ihm geredet. »Wenn du glaubst, dass es hier zu wenig Horizont für dich gibt, warum machst du dann nicht etwas anderes?«

So wie diesem Mitarbeiter geht es vielen in ihrem Job: Sie könnten eigentlich zufrieden sein, sind es aber nicht. Insgeheim möchten sie etwas verändern. Das ist okay, aber dann sollen sie es so entscheiden. Sonst leidet erstens die Arbeit, und zweitens sind sie unglücklich.

Halbherzigkeit war für mich nie eine Option. Will ich meinen Job, dann bleibe ich und gebe hundert Prozent; will ich ihn nicht, dann gehe ich woanders hin, auch wenn ich mein Ziel vielleicht nicht genau kenne. Ich kann ja einmal scheitern. Der Kollege ist seither wie ausgewechselt.

Es ist faszinierend zu sehen, was bei Mercedes möglich ist. Von der Ausrüstung her ist das Rennteam optimal gerüstet: Alles *state of the art*. Wenn die Ergebnisse nicht stimmen, kann es also nur an den Leuten oder den Strukturen liegen.

Mit dem zweifachen Formel 1-Weltmeister Lewis Hamilton sind wir momentan auf der Siegerstraße – beim 159. Grand-Prix-Start in Belgien zog er mit seinem großen Idol, Ayrton Senna, gleich. Als 20-facher Grand Prix-Sieger hat er die ganze Mannschaft neu motiviert. Ich wette, er wird auch noch wie ich ein drittes Mal die Weltmeisterschaft gewinnen.

Für RTL kommentiere ich gemeinsam mit Florian König seit 1996 alle Formel 1-Rennen. Wir sind schon geübt im humorvollen Schlagabtausch. Jeder spielt seine Rolle perfekt – Florian die des Moderators und Fragestellers, ich als ehemaliger Rennfahrer die des Experten, der knappe, klare Antworten liefert.

Das ist nie ein staubtrockenes Expertengespräch, weil wir einander immer ein bisschen auf die Schaufel nehmen. Florian federt auch saloppe Sprüche, die vielleicht nicht hundertprozentig politisch korrekt, von mir aber nicht böse gemeint sind, elegant ab. Zum Beispiel, als ich den polnischen Formel 1-Piloten Robert Kubica im Eifer des Gefechts einmal »Polack« genannt habe.

Manchmal entsteht zwischen uns auch ein lustiges Geplänkel, etwa wenn ich wieder einmal österreichische Ausdrücke ins Rennen bringe. Dann übersetzt Florian simultan, dass ein »Patschen« ein »Platter« ist, wenn ich es »tuschen« lasse, erklärt er dem Publikum nördlich des Weißwurst-Äquators, dass es einen »Zusammenprall« gegeben hat. Und eine »Lacke«, das weiß in Deutschland dank mir mittlerweile jeder Formel 1-Fan, das ist eine »Pfütze«. Florian König ist übrigens ein halber Österreicher und hatte deshalb nie Berührungsängste. Seine Großmutter väterlicherseits stammt aus Krumpendorf am Wörthersee in Kärnten.

In den ersten Jahren waren wir noch per »Sie«, aber mit der Zeit habe ich Florian immer mehr schätzen gelernt. Er ist konsequent in das Rennsport-Metier hineingewachsen. Eines Tages stellte er mir eine Frage per »Sie«, und ich antwortete mit »Du«. Seither duzen wir uns auch vor der Kamera.

Natürlich gab es, als ich Rennleiter bei Mercedes wurde und mich auch finanziell beteiligte, den Vorwurf der Unvereinbarkeit. Alle Journalisten schrieben damals, das könne sich nicht ausgehen. Die anderen Rennteams nannten RTL »Mercedes-TV«, worauf der Sender eine Marktforschungsstudie in Auftrag gab, die untersuchen sollte, ob Niki Lauda noch objektiv kommentieren kann, wenn er gleichzeitig für Mercedes arbeitet. Immer, wenn Manager unsicher sind, geben sie Studien in Auftrag.

Das Ergebnis war: Niki Lauda hat jetzt noch mehr Insider-Informationen und sagt seine Meinung jetzt noch direkter als vorher. Ich glaube, die Auftraggeber hatten genau das Gegenteil erwartet.

Aber Tatsache ist: Ich bin objektiv. Wenn Mercedes schlecht war, dann sage ich, dass Mercedes schlecht war. Trifft mich selber genauso. Warum sollte ich mich verbiegen lassen? Diese Frage hat sich für mich nie gestellt, weil Objektivität und Wahrheit niemals ein Fehler sein können.

Mercedes erfüllt für mich auch meine ganz persönlichen Vorstellungen vom perfekten Auto. Ich stelle hohe Ansprüche an Aussehen, Power, Straßenlage, Alltagstauglichkeit, Benzinverbrauch. Mein Plan war, von der E- auf die C-Klasse herunterzugehen. Dann kam mir kurzfristig der GT S dazwischen. Ich habe lange überlegt, ob ich es mir mit meiner roten Kappe leisten kann, einen Sportwagen zu fahren. Mich erkennt man ja in Wien blind.

Die Zwillinge haben den silbernen GT S geliebt. Wenn ich sie vom Kindergarten abgeholt habe, jubelten sie: »Papi, rennfahren!« Er hatte nur zwei Sitze, weshalb beide Kinder vorne angeschnallt waren. Im Nachhinein kann ich das ja sagen, obwohl es natürlich verboten war und Birgit mit uns geschimpft hat. Aber wir fuhren nie weit, nur vom Kindergarten nach Hause.

Ein Rennauto habe ich privat nie besessen. Dabei könnte heute ein Ferrari-Oldtimer in meiner Garage stehen. Denn 1975, nach meinem ersten WM-Titel, hat Enzo Ferrari zu mir gesagt: »Du kannst dein Weltmeister-Auto haben.« Einen Monat war Funkstille, dann ging ich zu Franco Gozzi, der rechten Hand des Commendatore, und wollte mein Auto abholen. »Kein Problem«, meinte Gozzi, »aber du musst es zahlen.«

»Aber der Alte wollte mir das Auto schenken!«, protestierte ich. Keine Chance. Ich hätte ihn damals kaufen sollen, er wäre heute sehr viel wert.

Auch das Fliegen hat in meinem Leben noch immer einen hohen Stellenwert. Mit meinem Privatflieger kann ich an einem Tag oft Termine in verschiedenen Ländern wahrnehmen. Ich fliege zum Beispiel von Wien nach Belgrad zu einer Casino-Eröffnung für Novomatic, dann weiter nach England in die Mercedes-Werke, und am Abend steige ich in Wien völlig relaxed aus dem Jet und schlafe im eigenen Bett.

Seit ich vor 40 Jahren mit einer Cessna Golden Eagle von Salzburg nach Bologna geflogen bin, hatte ich immer ein Privatflugzeug. Es hat mir mein Leben in jeder Hinsicht erleichtert, und ich habe unglaublich viel Zeit gespart. Mittlerweile fliege ich einen Global 6000 des kanadischen Bombardier-Konzerns. Mit dem »*Ultra Long Range*«-Jet kann ich eine Strecke wie zum Beispiel Wien–Los Angeles nonstop fliegen.

Ich bin Markenbotschafter von Bombardier. Der Deal ermöglicht mir die Nutzung des Global 6000, der in der Bedarfsfluggesellschaft Avcon Jet AG geparkt ist und vermietet wird. Ich absolvierte für Bombardier viele Auftritte, zum Beispiel bei der European Business Aviation Messe in Genf, wo die Flieger ausgestellt werden. Bei jedem Grand Prix, zu dem ich im Global 6000 fliege, wird das 40 Millionen Dollar teure Flugzeug Kunden vorgeführt.

Ich denke auch gerne an meine Zeit als Luftfahrtunternehmer zurück, das sind aber in keiner Weise nostalgische Gefühle.

Ich bin einfach noch immer an dem brutalen Geschäft interessiert und beobachte den Markt sehr genau. Mich wundert immer wieder, was da bei Airlines für Entscheidungen getroffen werden.

Schauen wir uns nur an, wo die Lufthansa heute steht. Die scheinen den Anschluss an die neuen Zeiten verpasst zu haben, sind nie mehr gewachsen, haben keine Gewinne mehr gemacht. Die Araber sind ihnen um die Ohren geflogen. Lufthansa jammert: Wie können die das machen? Unlauterer Wettbewerb und so weiter. Ich kann nur hoffen, dass Lufthansa wieder dorthin zurückkommt, wo sie einmal war.

Denn eines muss man der Emirates Airline lassen: Sie hat alles besser gemacht als alle anderen Airlines. Allermodernste Flotte, super Komfort, Flugbegleiter aus zwölf verschiedenen Nationen. Deshalb machen sie auch 1,2 Milliarden Euro Gewinn pro Jahr. Wenn du bei der Turkish Airlines einsteigst, dann siehst du dort nur türkische Flugbegleiter, die mäßig Englisch sprechen, und das sogar auf internationalen Flügen.

Oder die AUA: Der Mutterkonzern Lufthansa hat die Kosten heruntergeschraubt, die Basis stimmt, aber daneben wächst Swiss wie wild und macht Profit. Weil die Schweizer einfach bei den Reformen viel schneller waren. Und jetzt entscheidet Lufthansa, wer sich innerhalb des Konzerns langfristig besser durchsetzt. Möglicherweise beginnen die Deutschen irgendwann sogar, gegen ihre Töchter zu kämpfen. Das war bei Lauda Air und AUA beziehungsweise Flyniki und Air Berlin genau so.

Air Berlin hatte nach meinem Ausstieg mit Flyniki fünf Vorstandsvorsitzende in fünf Jahren. Keiner von denen fährt ein neues Konzept, jeder wurschtelt weiter wie bisher; und schaut zu, wie Ryan Air 900 Millionen, Easy Jet 700 Millionen Gewinn macht, und Air Berlin macht Verluste. Was da an Management-Wahnsinn passiert ist, auf Kosten der Mitarbeiter und des Produkts, ist mir unverständlich.

Bei Flyniki haben Manager, die noch nie bei ihren Kunden waren, alles reduziert auf Nullkommanockerl. Auch Dinge, die gar nichts kosten, zum Beispiel die ganzen Zeitungen. Wie viel kosten denn Zeitungen? Ein Manager von Air Berlin hat einmal behauptet: 100.000 Euro. Alles Blödsinn. Die Hälfte kriegt man ohnehin geschenkt, und die andere Hälfte kauft man halt dazu. Aber der Kunde steckt sie alle ein und denkt sich: »Wow! *Krone*, *Kurier*, *Presse*, *Standard*. Das hat sich wieder ausgezahlt.«

Ich habe manchmal noch interessehalber Testflüge gemacht. Einmal musste ich sowieso nach Montreal und konnte wählen zwischen Lufthansa, Air Canada oder Swiss. Die Swiss hatte ja seinerzeit dieses tolle Image, also buchte ich Business Class One Way, kostete 6.000 Euro. Da reißt es dich schon kurz.

Ich wartete in der VIP-Lounge auf den Abflug, alles war perfekt. Als ich den Flieger betrat, kam ein kleines Mandl auf mich zu, geschorene Glatze und Vollbart, und stellte sich vor: »*I am the purser of this flight.*« Für mich sah er irgendwie furchterregend aus. Er sprach nicht einmal Deutsch. Mein Sitz war ein 0815-Sessel, von bequem weit entfernt. Dann servierten mir zwei eher größere, ältere Damen ein Essen, das zum Vergessen war. »Wollen Sie einen Blick ins Cockpit werfen?«, fragte mich eine der Stewardessen. Ich ging nach vorne, unterhielt mich kurz mit den Piloten, und als ich zurück zu meinem Platz ging, saß links eine dicke Flugbegleiterin in der ersten Klasse – am Tagflug nach Montreal! – und schlief mit offenem Mund. Rechts hatte es sich ein junger Steward mit Mikro im Ohr gemütlich gemacht, er hörte Musik. Ich dachte mir, das darf ja alles nicht wahr sein! Flugbegleiter haben sich um die Passagiere zu kümmern, und zwar jede einzelne Minute. Die können doch nicht im Dienst ein Nickerchen machen.

Vielleicht war dieser Flug auch nur ein Ausrutscher, aber Swiss hat mich jedenfalls nie wieder gesehen.

Insgesamt mache ich nach wie vor das, was mir am meisten Spaß macht. Rennsport, Fliegen, Wirtschaft. Sobald ich überzeugt bin, dass ich mein jetziges Planquadrat bis auf den letzten Winkel durchsucht und erforscht habe, dass mir meine Aufgaben nichts Neues mehr bieten können, wenn mir also fad wird, werde ich mich voll auf ein anderes Planquadrat stürzen. Und alles wird wieder neu sein.

KINDER UND GELD

*»Normal bleiben, auch wenn Geld da ist.
Um nichts Anderes geht es.«*

Ich war nie ein klassischer Vater, sondern eher ein Kumpel und älterer Bruder für meine Söhne Lukas und Mathias. Keinesfalls gehöre ich zu jenen Männern, die sich über die Wiege oder den Kinderwagen beugen und »diddel diddel« machen. Was müssen sich Kinder von solchen Dodel-Eltern denken!

Ich habe meinen Söhnen auch schon früh beigebracht, dass es nichts Besonderes ist, wenn ihr Vater Autorennen fährt. Als die beiden fünf und sieben Jahre alt waren, liefen wir auf Ibiza einer Truppe von deutschen Fans in die Arme. Sie wollten Autogramme. Meine Kinder fragten: »Papi, was wollen diese Leute von dir? Warum musst du denen was auf Karten draufschreiben?« Ich habe ihnen gesagt: »Die wollen Autogramme, aber das ist vollkommen wurscht.« Beim nächsten Mal war es schon ganz entspannt.

Meine Kinder sind ehrliche, gerade und anständige Burschen geworden, die ich mir nicht besser wünschen könnte. Null Paris Hilton-Syndrom, null Allüren. Das verdanken sie vor allem ihrer Mutter Marlene. Denn beim Windelwechseln und

Milchflascherlkochen war ich definitiv nicht dabei. Ich war ja damals total egoistisch, das geht auch gar nicht anders, wenn du in der Formel 1 fährst. Zwischen den Rennen wohnte ich im Flugzeug, meine Zeit zuhause glich eher Boxenstopps.

In die Erziehung habe ich mich nicht groß eingemischt. Nur eins war mir wichtig: den Kindern gute Manieren beizubringen. So wie ich als Kind von meinen Eltern gelernt habe, mich überall zu bewegen, so wollte ich auch Lukas und Mathias zu souveränen jungen Männern erziehen. Sie sollten wissen, dass man einer Frau die Autotür aufmacht und sich mit der Königin von Spanien genauso ungezwungen unterhalten können wie mit Leuten beim Heurigen. Weil ich praktische Beispiele liebe, ging ich zu diesem Zweck mit ihnen ins Café Imperial frühstücken.

»Passt auf«, habe ich gesagt, »hier frühstücken die Könige.«

Da fragten meine Buben: »Wo sind sie?«

»Na ja«, schwächte ich ab, »jedenfalls sitzen hier nur Menschen, die Manieren haben. Also reißt euch zusammen!«

Die beiden haben herumgefuhrwerkt, mit den Semmeln gebröselt und mit dem Silberbesteck geklappert. Da habe ich ihnen kurz erklärt, wie's geht, dass man nicht in den Brotkorb greift und so weiter. Der erste Versuch schlug fehl, beim zweiten Mal hatten sie es schon drauf. Seither wissen sie: Wir dürfen trotzdem essen wie die Schweine, nur wenn's drauf ankommt, können wir uns sicher fühlen.

Als mein Sohn Lukas vier Jahre alt war, fragte er mich, wo meine schweren Gesichtsverbrennungen herkämen. Ich setzte ihn vor den Fernsehapparat und legte die Videokassette vom Feuerunfall ein: »Schau, da bin ich dringesessen und habe mich verbrannt.« Kinder lieben simple Erklärungen, man sollte ihnen immer die Wahrheit sagen. Später einmal habe ich meinen Buben erklärt, dass es auch Menschen mit zwei Ohren gibt. Da haben wir gemeinsam gelacht.

Als Lukas 15 war, habe ich ihn ins Striptease-Lokal mitgenommen. Aufklärungsunterricht. Ich erschrak dann selber, wie nah die Damen vor seiner Nase herumtanzten und ein Ding nach dem anderen auszogen. Lukas schaute sich das alles an. Als es vorbei war, stand er auf, zog sein Hemd aus und legte es der Tänzerin um die Schultern, damit sie nicht friert. Das war eine total fürsorgliche Geste. Da wusste ich: Der Kerl hat nicht nur Manieren, sondern auch Herz. Lukas wollte sie auch zum Ausgehen einladen, aber davon habe ich ihm abgeraten.

1992 ließen Marlene und ich uns scheiden, aber geändert hat sich für die Kinder nichts. Marlene ist bis heute ein Lebensmensch für mich. Als Eltern verfolgten wir immer eine gemeinsame Linie. Dadurch waren die Kinder nie gezwungen, für einen von uns Partei zu ergreifen.

Manchmal drehte Marlene durch, wenn sie von einer meiner Eskapaden erfuhr, aber vor den Kindern ließ sie nie ein böses Wort über mich fallen. Sie trug Konflikte stets mit mir aus, nie über unsere Kinder. Das rechne ich ihr hoch an.

Ich bin überzeugt davon, dass Kinder von Anfang an eigenständige Lebewesen sind. Sie sollen sich ganz in Ruhe entwickeln können. Die meisten Eltern tun in meinen Augen viel zu viel. Sie haben ein Programm für ihre Kinder im Kopf, das sie durchziehen wollen. Das hatte ich nie.

Ich bin auch das Gegenteil von einem Patriarchen. Für meinen Partner Attila Dogudan war immer klar, dass seine Söhne die Firma übernehmen müssen. So etwas käme mir nie in den Sinn. Ich ließ Mathias und Lukas immer vollkommene Freiheit, das zu tun, was sie wollen. Eher riet ich ihnen vom Rennsport ab.

Mathias wurde trotz allem Rennfahrer, mittlerweile fährt er schon sehr gut. Leider hat er zu spät begonnen, weil ich ihm eingeredet habe, er solle noch die Matura machen – das, was ich nicht geschafft habe. Lukas wiederum hat die Firma »Lauda-Sportmanagement« gegründet und ist Mathias' Manager. Sie leben wie ihre Mutter in Barcelona.

Freunde sagten meinen Söhnen oft: »Seid ihr deppert? Wenn wir so einen Vater hätten, würden wir jeden Satz, den er sagt, aufschreiben und befolgen.« Ich wollte ihnen nie Tipps geben, ich wollte, dass sie ihren eigenen Weg gehen. Das ist ohnehin schwer genug. Denn den Mörderdruck, dass ihr Vater dreifacher Formel 1-Weltmeister ist, kann ich ihnen nicht abnehmen.

Im August 2013 ist Lukas mit seinem Motorrad schwer verunglückt. Als Marlene mich anrief, gingen ähnliche Fragen wie nach dem Flugzeugabsturz durch meinen Kopf: Warum? Was kann ich tun? Dann nahm alles seinen logischen Weg.

Es stand eine Querschnittlähmung im Raum. Also war es wichtig, Lukas von Ibiza schnellstmöglich in die Klinik nach Barcelona zu bringen. Ich charterte mein Flugzeug und habe meinen Sohn selbst transportiert.

Der Unfall führte mir brutalst vor Augen, wie schnell etwas passieren kann. Lukas war von einem Auto gerammt worden, das aus einer anderen Straße abgebogen war. Der Fahrer hatte das Motorrad einfach übersehen. Lukas flog mit einem irren Karacho über das Auto, durch den anschließenden Aufprall wurde seine linke Hand fast abgerissen und sein Oberschenkel durchbohrt. Bis das Rückgrat untersucht war, dauerte es ewig. Dieses Warten war fürchterlich.

Ein Handchirurg brachte Lukas' Arm wieder in Ordnung. Nur den kleinen Finger kann er noch nicht richtig bewegen. Das Motorradfahren hat er aufgegeben.

Die Gesundheit – darüber gibt es überhaupt keine Diskussion – ist das Wertvollste, was wir besitzen. Das wurde mir damals wieder bewusst.

Ob ich meinen Söhnen in Sachen Geld jene Grundsätze mitgegeben habe, die für mich selbst wichtig sind, bezweifle ich. Sie bekamen Taschengeld von mir, ich erinnere mich aber ehrlich gesagt nicht mehr, ab wann und wie viel. Im Gegensatz zu meinen Eltern, die trotz wohlhabender Verhältnisse immer Sparsamkeit predigten, bemühte ich mich, eher großzügig zu sein.

Am Anfang seiner Rennfahrer-Karriere habe ich Mathias finanziell unterstützt. Lukas ist mit einem Projekt zu mir gekommen, für das er einen Finanzierungsbeitrag brauchte. Natürlich habe ich ihm geholfen. Das ist dann in die Hose gegangen, weil ihn der Partner reingelegt hat. Kann man nichts machen. Hauptsache, er hat etwas daraus gelernt.

Ich habe auch einen unehelichen Sohn, Christoph, er ist 1981 geboren. In ihrem grenzenlosen Großmut hätte Marlene Christoph auch in unsere Familie aufgenommen, aber das wollte seine Mutter nicht. Da sind zwei Welten aufeinandergeprallt. Dass ich ihm kein vollwertiger Vater sein konnte, bedaure ich.

Als Birgit mich mit sechzig noch einmal zum Vater von Zwillingen machte, begann für mich ein neuer Lebensabschnitt. Zum ersten Mal sah ich die Möglichkeit, Job und Familie vernünftig aufeinander abzustimmen. Im Gegensatz zu der kürzeren Lebenszeit, die ich als Vater vorhanden sein werde, kann ich meinen zwei Jüngsten viel mehr an Erfahrung mitgeben als ein Vater, der noch nicht so viel erlebt hat.

Ich habe mit den Zwillingen den größten Spaß. Ich lache mich schief, wenn sie auf meinen Bauch hüpfen oder wenn sie mir das Telefon abknöpfen und ich es dann suchen muss. Am liebsten spielen sie »Kapperl rauf und runter« mit mir. An meinen kahlen Schädel und das verbrannte Ohr haben sie sich längst gewöhnt.

Da es in Österreich nicht diesen brutalen Promi-Journalismus gibt, leben Max und Mia auch mit dem Namen Lauda ein ganz normales Leben. Ich muss sie nicht vor Paparazzi schützen. Ich gehe einfach nirgendwohin, wo etwas passieren könnte. In den Weinbergen hinter unserem Haus liegen die Fotografen Gott sei Dank nicht auf der Lauer. Ich habe da eine ganz einfache Theorie. Die Kinder sollen selbst entscheiden, ob sie an dem Wahnsinn, der mich umgibt, einmal teilnehmen wollen oder nicht.

Apropos Wahnsinn: Natürlich kriegen sie mit, dass sich unser Lebensstil auf einem hohen Niveau abspielt. Sie sehen ja, dass ihr Vater ein Privatflugzeug hat. Aber sie fliegen auch ganz normal mit ihrer Mutter nach Ibiza, mit 200 anderen Passagieren. Dort teilen wir uns mit Gerhard Berger ein Boot. Die Zwillinge lieben dieses Boot. Da Gerhard es vielleicht verkaufen will, kann es über Nacht weg sein.

Das versucht Birgit den Kindern zu vermitteln: Was wir besitzen, ist Luxus auf Zeit. Wir können uns jederzeit auch wieder von Sachen trennen. Kinder verstehen das. Normal bleiben, auch wenn Geld da ist. Um nichts Anderes geht es.

Wann Max und Mia einmal Taschengeld bekommen und wie viel, darüber habe ich mir noch keine Gedanken gemacht. Heutzutage besitzen ja schon viele Fünfjährige ein Smartphone, mit dem sie dann von ihren Eltern überwacht werden. Ich halte beides für einen Unfug.

Eines Tages werden die Zwillinge, vielleicht wenn sie dieses Buch gelesen haben, zu mir kommen und mich fragen: »Wie viel Geld haben wir eigentlich?«

Mein Vater antwortete mir, als ich zehn war, auf diese Frage: »Über Geld spricht man nicht. Und wenn du noch einmal fragst, kriegst ein paar Watschen.«

Ich werde Max und Mia sagen: »Unser Kontostand beträgt so und so viel. Deshalb können wir uns das und das leisten. Aber in Wahrheit ist Geld nur eine Zahl. Ob sie wächst oder schrumpft, liegt allein in unserer Hand.«

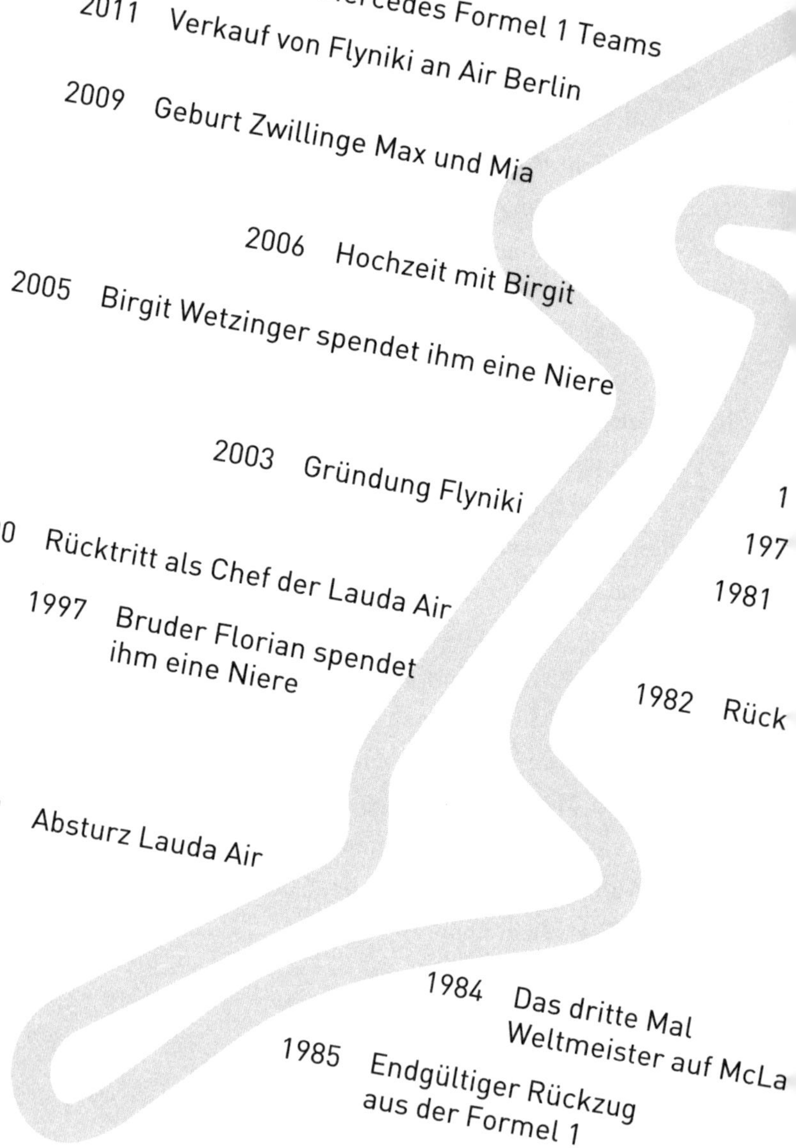

2012 Leitung des Mercedes Formel 1 Teams

2011 Verkauf von Flyniki an Air Berlin

2009 Geburt Zwillinge Max und Mia

2006 Hochzeit mit Birgit

2005 Birgit Wetzinger spendet ihm eine Niere

2003 Gründung Flyniki

1

2000 Rücktritt als Chef der Lauda Air

197

1981

1997 Bruder Florian spendet ihm eine Niere

1982 Rück

1991 Absturz Lauda Air

1984 Das dritte Mal Weltmeister auf McLa

1985 Endgültiger Rückzug aus der Formel 1

Timeline

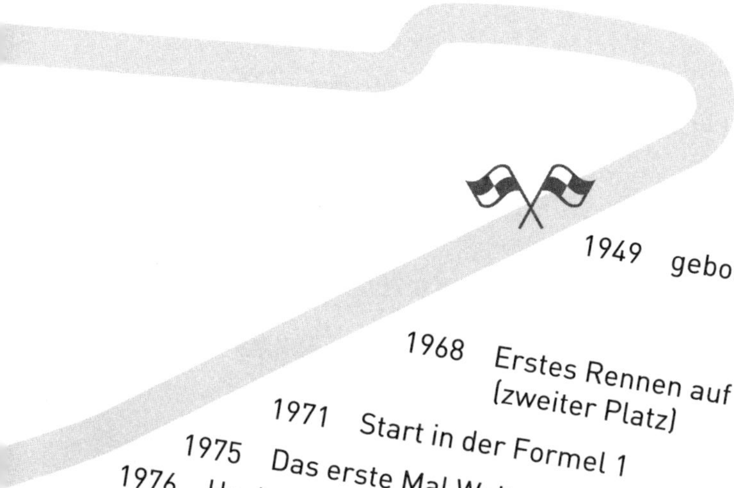

1949 geboren

1968 Erstes Rennen auf Mini Cooper S (zweiter Platz)

1971 Start in der Formel 1

1975 Das erste Mal Weltmeister auf Ferrari

1976 Hochzeit mit Marlene

1976 Feuerunfall auf dem Nürburgring

7 Das zweite Mal Weltmeister auf Ferrari

Gründung Lauda Air

burt Lukas

urt Mathias

e Formel 1

ROLAND DÜRINGER
WELTFREMD?
edition a

Roland Düringer
Weltfremd?

In der Welt, wie sie ist sind wir Menschen. Als Teil der Wirklichkeit sind wir Personen, Verbraucher, Stimmvieh, Arbeitssklaven, ein Wirtschaftsfaktor. Warum hatte der Neandertaler die Zeit, wir aber haben bloß noch die Uhr? Liegt es nur daran, dass wir einen festen Klescher haben, oder sollen wir ganz einfach nur das wollen, was wir wollen sollen? Wie weltfremd ist eigentlich unsere Wirklichkeit? Und besteht nicht die Möglichkeit, dass jede Gewissheit immer nur eine Möglichkeit ist?

ISBN 978-3-990011-36-2
192 Seiten, EUR 21,90

edition a
Stefan Petzner
HAIDERS SCHATTEN
An der Seite von Europas erfolgreichstem Rechtspopulisten

Stefan Petzner
Haiders Schatten

Jörg Haiders Leben, seine Politik, seine Geheimnisse und sein Tod: Wie war der erfolgreichste Rechtspopulist Europas wirklich? Stefan Petzner, der fünf Jahre lang sein engster Vertrauter war, zeigt ihn aus nächster Nähe. Er zeichnet das Psychogramm eines Getriebenen, für den die Liebe des Volkes Droge und Heilung zugleich war, lässt hinter die Kulissen der rechtspopulistischen Erfolgsmaschinerie blicken und liefert dabei einen auf jeder Seite spannenden Beitrag zur Geschichtsschreibung.

ISBN 978-3-990011-44-7
224 Seiten, EUR 21,90